コンパクトシリーズ　流れ

流体力学の基礎

河村哲也　著

インデックス出版

Preface

　気体と液体は，どちらも固体のように決まった形をもたず，自由に変形し，どのような形の容器でも満たすことができるといったように性質が似ているため，まとめて流体とよんでいます．流体の運動など力学的な性質を調べる分野が流体力学であり，われわれは空気や水といった流体に取り囲まれて生活しているため，実用的にも非常に重要です．

　流体力学はいわば古典物理学に分類され，基礎になる法則は単純で質量保存，運動量保存，エネルギー保存の各法則です．これらを数式を使って表現したものが基礎方程式ですが，流体が自由に変形するという性質をもつため非線形の偏微分方程式になります．その結果，数学的な取扱いは著しく困難になります．一方，現実に流体は運動していますので，解はあるはずで，実用的な重要性から，近似的にでもよいので解を求める努力がなされてきました．

　特に 1960 年代にコンピュータが実用化され，それ以降，流体の基礎方程式をコンピュータを使って数値的に解くという，数値流体力学の分野が急速に発展してきました．そして，現在の流体力学の主流は数値流体力学といえます．さらに，数値流体力学の成果を使って流体解析を行えるソフトウェアも，高価なものからフリーのものまで多く存在します．ただし，そういったソフトウェアを用いる場合，理屈や中身を理解しているのといないのでは大違いであり，単純に出力された結果を鵜呑みにすると大きな間違いをしてしまうといった危険性もあります．

　このようなことからも数値流体力学の書籍は多く出版されていますが，分厚いものが多く初歩の段階では敷居が高いのも確かです．そこで，本シリーズの目的は数値流体力学およびその基礎である流体力学を簡潔に紹介し，その内容を理解していただくとともに，簡単なプログラムを自力で組めるようにいていただくことにあります．具体的には本シリーズは

　　1. 流体力学の基礎
　　2. 流体シミュレーションの基礎
　　3. 流体シミュレーションの応用 I
　　4. 流体シミュレーションの応用 II
　　5. 流体シミュレーションのヒント集

の5冊および別冊（流れの話）からなります．1.は数値流体力学の基礎としての流体力学の紹介ですが，単体として流体力学の教科書としても使えるようにしています．2.については，本文中に書かれていることを理解し，具体的に使えば，最低限の流れの解析ができるようになるはずです．流体の方程式のみならず常微分方程式や偏微分方程式の数値解法の教科書としても使えます．3.は少し本格的な流体シミュレーションを行うための解説書です．2.と3.では応用範囲の広さから，取り扱う対象を非圧縮性流れに限定しましたが，4.は圧縮性流れおよびそれと性質が似た河川の流れのシミュレーションを行うための解説書です．また5.では走行中の電車内のウィルスの拡散のシミュレーションなど興味ある（あるいは役立つ）流体シミュレーションの例をおさめています．そして，それぞれ読みやすさを考慮して，各巻とも 80 〜 90 ページ程度に抑えてあります．またページ数の関係で本に含めることができなかったいくつかのプログラムについてはインデックス出版のホームページからダウンロードできるようにしています．なお，別冊「流れの話」では流体力学のごく初歩的な解説，コーシーの定理など複素関数論と流体力学の関係，著者と数値流体力学のかかわりなどを記しています．

　本シリーズによって読者の皆様が，流体力学の基礎を理解し，数値流体力学を使って流体解析ができることの一助になることを願ってやみません．

河村 哲也

Contents

Chapter 1

流れ学の基礎

　本章では流体力学への導入として，容易に理解できる内容を中心に流体力学の基礎事項について簡単に述べることにします.

1.1　流体の静力学

　物質はふつう固体，液体，気体のいずれかの状態をとります. このうち，液体と気体は外部から加えられた力によって容易に変形します. また，それ自体は決まった形をもたずにどのような形状の容器も満たすことができます. このように，液体と気体は力学的な性質が似ており，類似の枠組みで理解できることが多いため，物理学や工学の分野ではまとめて**流体**とよんでいます.

　はじめに固体を用いて**応力**という概念を導入することにします. 図 1.1 に示すように静止した固体の棒の両端を大きさが同じで逆向きの力 F で引っ張ったとします. このとき棒は静止状態を保ちますが，棒をひとつの断面で 2 つに分けて考えると，この断面はやはり F で両側に引っ張られています. なぜなら，もしそうでなければ 2 つの部分は動き出すからです. 一般に固体内に任意の微小面 dS を考えると，この面には同じ大きさで逆向きの力が働いています. この力を単位面積あたりの力に換算して，応力とよびます. 応力は図 1.1 の破線の面を見ても明らかなように，必ずしも考えている面に垂直に働くとは限りません. そこで応力を，考えている面に垂直方向と水平方向とに分け，それぞれ**法線応力**と**接線応力**とよぶことにします（図 1.2）. また法線応力のうち，面を押す力を**圧力**，引っ張る力を**張力**とよんで区別します. 応力を用いると，

> 流体とは静止状態において圧力のみが働く物質である

というようにも定義できます. なぜなら，流体は自由に変形するため，もし接線応力があれば，流体はその方向にずれ動き静止状態ではいられず，張力があれ

ば流体は引きちぎられて真空部分をつくることになりますが，実際はそうなっていないからです．また圧力は考えている面の方向によらずに常に一定です．このことは以下のようにして示せます．

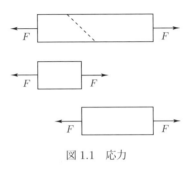

図 1.1　応力

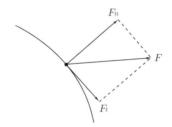

図 1.2　法線応力 F_n と接線応力 F_t

　流体内から図 1.3 に示すように底角 θ の二等辺三角形形状をした微小なプリズム形状の領域（奥行きを d とする）を取り出したとき底辺に平行な方向の力の釣り合いを考えると，図から

$$(p_1 \sin\theta)ld = (p_2 \sin\theta)ld$$

が成り立ちます[*1]．すなわち，

$$p_1 = p_2$$

[*1] 流体にはここで考えた表面を通して働く圧力のほか，重力など体積を通して働く力もありますが，前者は考えている部分の長さの 2 乗，後者は 3 乗に比例するため，十分に小さい部分では後者は前者に比べて無視できます．

となります．ところが，二等辺三角形は任意にとれるため，結局圧力 p は一定になります．

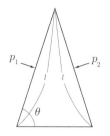

図 1.3　圧力の釣り合い

　図 1.4 に示すように，静止している流体の水平面に沿って，幅の狭い直方体を考え，x 方向の力の釣り合いを考えると

$$p_A S = p_B S$$

が成り立ちます．ただし，S は考えている面の面積です．これから

$$p_A = p_B \tag{1.1}$$

となるため，水平面内ではどこでも圧力は等しいことがわかります．

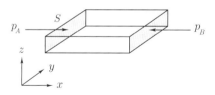

図 1.4　水平方向の力の釣り合い

　次に鉛直方向の圧力分布を調べるため，図 1.5 に示すように流体内に高さ δz の直方体を考えて，z 方向の力の釣り合いを調べます．流体の密度を ρ とすれば，直方体に働く重力は $\rho(S\delta z)g$ であるため

$$p_D S = p_C S + \rho(S\delta z)g$$

となり，これから

$$p_D = p_C + \rho g \delta z \tag{1.2}$$

が成り立ちます．いま上面から下面の圧力を引いた $p_C - p_D$ を δp と書けば，上式は $\delta p = -\rho g \delta z$ となります．この式は $\delta z \to 0$ の極限で微分方程式

$$\frac{dp}{dz} = -\rho g \tag{1.3}$$

になります．

　密度が一定の場合，式 (1.3) を区間 $[0, z]$ で積分すれば

$$p = p_0 - \rho g z \tag{1.4}$$

となります．ただし，p_0 は $z = 0$ における圧力です．もし，空気の密度が高さによらなければ，上式に $p_0 = 101325$ Pa $= 101325$ N/m^2，$g = 9.806$ m/s^2，$\rho = 12930$ kg/m^3 を代入して $p = 0$ となる高さを求めると，$z = 7991$ m となります．

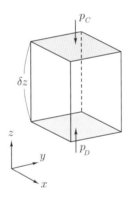

図 1.5　鉛直方向の力の釣り合い

　次に，温度一定の理想気体では，**ボイルの法則**から圧力と密度は比例するため，c を比例定数として

$$\rho = cp \tag{1.5}$$

が成り立ちます．このとき，式 (1.3) は

$$\frac{dp}{dz} = -cgp$$

となり，これを積分して，

$$p = Ae^{-cgz}$$

が得られます（A は任意定数）．ここで $z = 0$ のとき $p = p_0$, $\rho = \rho_0$ とすれば，式 (1.5) から $c = \rho_0/p_0$ となるため上式は

$$p = p_0 e^{-(\rho_0/p_0)gz} \tag{1.6}$$

とも書けます．この式から気体の圧力は温度が一定の場合，高さとともに指数関数的に減少することがわかります．

1.2　流線と流管

　以下，運動している流体を考えます．流体の運動状態を指定するもっとも基本的な量に流れの速度（流速）があります．速度は大きさと方向をもったベクトル量であるため，矢印を使って表すことができます．そこで，図 1.6 に示すように流れの領域中のいろいろな場所に，流速に対応する矢印を書けば，流れの様子がわかります．

図 1.6　速度場

　流体の微小部分に注目してそこで流速に比例した長さをもつ短い矢印を書き，その終点部分の流体の速度でさらに矢印を書くといったことを続ければ，一つの折れ線ができます．各矢印をどんどん短くすれば，図 1.7 に示すような一つの曲線が得られますが，この曲線のことを**流線**とよんでいます．あるいは，流線とは，その曲線上の各点で接線を引いたとき，接線の方向がその場所の流速ベクトルの方向を表すような曲線であるともいえます．

　流線の重要な性質として，流速が 0 である点を除いて流線は交わらないことがあげられます．なぜなら，もし交わったとすれば，その点で流速が 2 種類定義されて不合理だからです．さらに定義から，流線を横切って流体は流れないこともわかります．

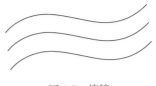

図 1.7　流線

　次に図 1.8 に示すように流体内にひとつの閉曲線 C を考え，その境界上の各点をとおる流線を考えます．このとき，流体内には流線で囲まれた管ができますが，この管のことを**流管**とよんでいます．流管も流線と同様に，それを横切って流体は流れないため，固体でできた管とみなせます．ただし，流れが時間的に変化する場合は，この管の形も時間的に変化します．

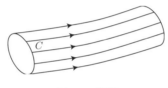

図 1.8　流管

1.3　流管内での流体の運動

　本節では流体内に 1 つの流管を考え，その中を流れる粘性が無視できる流体の定常運動を考えます．ここで定常とは時間的に変化しないことを指します．流管の性質から流体は流管をとおり抜けないため，前述のように流管を管壁とするようなパイプ内の流れと考えることができます．このような流れを考える上で，質量保存則，運動量の法則およびエネルギー保存則が基本になります．

（1）質量保存則

　図 1.9 に示すように時刻 t に流管の AB 部分を占めていた流体が δt 後の時刻 $t + \delta t$ に A′B′ に移ったとします．流管内では流体が発生したり消滅したりしないため，AB 部分の流体と A′B′ 部分の流体の質量は同じになります．

一方，定常な流れでは流管の形は変化しないため A'B 部分は共通になり，結局 AA' 部分と BB' 部分の流体の質量は等しくなります．いま，A の位置での流管の断面積を S_A，流体の（流管に沿った）速度を u_A，密度を ρ_A とし，B におけるそれらをそれぞれ S_B，u_B，ρ_B とすれば，AA' 部分の流体の質量は（密度）×（体積）＝（密度）×（底面積）×（高さ）なので $\rho_A S_A u_A \delta t$ であり，BB' 部分の流体の質量は $\rho_B S_B u_B \delta t$ となります．したがって，これらを等値すれば

$$\rho_A u_A S_A = \rho_B u_B S_B$$

という式が得られます．この関係は A，B がどこにあってもよいため，流管内で

$$\rho u S = 一定 \tag{1.7}$$

が成り立ちます．式 (1.7) が流管内の**質量保存則**を表す式です．密度が一定とみなせる流体を考えれば，式 (1.7) は速度と断面積が反比例することを表しています．したがって，流管やパイプが太くなっている場所では流速は遅いことがわかります．

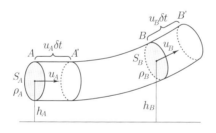

図 1.9　流管内の物理量の保存

（2）運動量の法則

　流体の小さな部分を考え，ニュートンの**運動の第 2 法則**を適用してみます．この法則は，（質量）×（加速度）＝（力）であるため，微小部分の質量 m が一定の場合には

$$m\frac{dv}{dt} = F$$

となります. また質量 m が変化する場合には

$$\frac{d(mv)}{dt} = F \tag{1.8}$$

あるいは

$$\delta(mv) = F\delta t \tag{1.9}$$

となります. この式は運動量の変化が外から加えられた力積に等しいことを示しており, **運動量の法則**ともよばれます.

　図 1.9 に示した流管内を流れる流体について運動量の法則を適用することを考えてみます. 質量保存の場合と同様に考えれば, 時間 δt 間における運動量の変化は流管 A′B′ 内の流体のもつ運動量から流管 AB 内の流体がもつ運動量を差し引いたものであり, それは共通部分を除けば流管 BB′ 内の流体のもつ運動量から流管 AA′ 内の流体がもつ運動量を差し引いたものに等しくなります. これらはそれぞれ $(\rho_B S_B u_B \delta t)u_B$ と $(\rho_A S_A u_A \delta t)u_A$ であるため, 流管 AB に働く外力の総和を F とすれば, 運動量の法則は

$$\rho_B u_B \delta t S_B u_B - \rho_A u_A \delta t S_A u_A = F\delta t$$

と書けます. ここで外力としては, A に働く圧力と B に働く圧力などがあります[*2].

　単位時間に A, B に流入する体積（流量）を Q_A, Q_B とすれば, これらはそれぞれ $u_A S_A$, $u_B S_B$ であるため, 運動量の法則は

$$\rho_B Q_B u_B - \rho_A Q_A u_A = F \tag{1.10}$$

と書けます. なお, 流体の密度が一定とみなせる場合には, 式 (1.7) から

$$\rho_B Q_B = \rho_A Q_A = \rho Q \ (\ = 一定) $$

となるため, 式 (1.10) は

$$\rho Q(u_B - u_A) = F \tag{1.11}$$

と簡単化されます.

[*2] 粘性が無視できない場合には, 粘性による内部摩擦を考える必要があります.

（3）エネルギー保存則

図 1.9 に戻って，流管の断面 A がある基準面から高さ h_A の位置にあり，ま
たその面で圧力が p_A であるとします．同様に断面 B の高さが h_B で圧力が
p_B であるとします．流管 AB が δt 後に流管 A$'$B$'$ に移動したとき，移動前後
の全エネルギー（ここでは運動エネルギーと位置エネルギーを足したもの）の
差が圧力差に対してなした仕事に等しくなります．このエネルギーの差は AB$'$
部分が共通であるため BB$'$ の部分の全エネルギーから AA$'$ の部分の全エネル
ギーを差し引いた

$$(\rho_B u_B \delta t S_B)\left(\frac{1}{2}u_B^2 + gh_B\right) - (\rho_A u_A \delta t S_A)\left(\frac{1}{2}u_A^2 + gh_A\right)$$

となります．また，圧力に対してなした仕事は断面 A での（力 × 距離）から
断面 B での（力 × 距離）を引いたものなので

$$p_A S_A u_A \delta t - p_B S_B u_B \delta t$$

となります．これらの 2 式を等値し，添字 B の項を左辺，添字 A の項を右辺
に移項して質量 $\rho_B S_B u_B \delta t = \rho_A S_A u_A \delta t$ で割れば

$$\frac{p_B}{\rho_B} + \frac{1}{2}u_B^2 + gh_B = \frac{p_A}{\rho_A} + \frac{1}{2}u_A^2 + gh_A$$

となります．断面は任意にとれるので，上式は流管内で

$$\frac{p}{\rho} + \frac{1}{2}u^2 + gh = \text{一定} \tag{1.12}$$

が成り立つことを意味します．この式は ρ が一定の場合には

$$p + \frac{1}{2}\rho u^2 + \rho gh = \text{一定} \tag{1.13}$$

となります．式 (1.12)，(1.13) は**ベルヌーイの定理**とよばれています．なお，
異なる流管では式 (1.13) の一定値は一般に異なる値をとります．

■**トリチェリの定理**　ベルヌーイの定理 (1.13) の応用として，水の入ったタン
クに穴があいている場合の水の噴出速度を求めてみます．

　図 1.12 に示すような状況を考え，タンクの穴をとおる 1 本の流線にベルヌーイの定理を適用します．基準点から噴出口までの高さを H，噴出口から流体表面までの高さを h とし，タンクは十分に大きく，液体面の下降速度は無視できるとします．また大気圧を p_∞ とすれば，(1.12) は

$$p_\infty + \rho_0 g(H + h) = p_\infty + \frac{1}{2}\rho_0 v^2 + \rho_0 gH$$

となるため，この式を v について解くと

$$v = \sqrt{2gh} \tag{1.14}$$

であることがわかります．これを**トリチェリの定理**と呼んでいます．

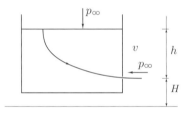

図 1.10 　トリチェリの定理

1.4 　保存法則の応用

　本節では，前節でとりあげた保存則の応用として**風車の最大効率**について調べてみます．なお，空気の密度 ρ は一定とします．

　図 1.11 に示すように風車面を通り過ぎる流体がつくる流管を考え，流管の上流遠方での流速と圧力を v_u, p_u，下流遠方での流速と圧力を v_d, p_d とし，風車前面と後面での圧力を p_{in}, p_{out} とします．質量保存則から風車前面と後面での流速は等しいと考えられるためそれらを v_b とします．

　流れは風車という障害物によって徐々に減速されるため，流速は遠方から風車前面に近づくにつれて遅くなります．このとき，質量保存則から流管は膨らみます．また圧力は，ベルヌーイの定理から，風車前面のほうが風車上流側より高くなります．まとめれば，$v_u > v_b$，$p_u < p_{in}$ です．また風車面を横切っ

た流れは風車にエネルギーを与えて圧力が低下します（$p_{in} > p_{out}$）．なぜなら，上述のように流速は同じであるにもかかわらず風車によってエネルギーが使われるため，このエネルギーは圧力低下によってまかなわれるからです．

　次に風車後面から下流遠方にいたる流管を考えるとこの流管も下流に向かって太くなります．なぜなら，風車直後で圧力が低下しており，下流遠方のほうが圧力が高いと考えられるからです．すなわち，$p_{out} < p_d$ であり，ベルヌーイの定理から $v_b > v_d$ となるため流管は膨らみます．

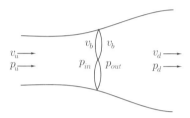

図 1.11　風車面を取り囲む流管

　この流管に対して質量保存則，運動量の法則およびエネルギーの保存則（ベルヌーイの定理）を適用してみます．流管の上流から単位時間に流入する質量（**質量流量**）を m とすれば，質量保存則からこれは風車面を単位時間に通過する質量と等しく，また流管下流から単位時間に流出する質量にも等しくなります．運動量の法則から上流の運動量から下流の運動量を引いたものが，風車面の前後の圧力差によって風車に働く力と等しくなります．このことを式で表現すれば

$$mv_u - mv_d = S(p_{in} - p_{out}) \tag{1.15}$$

となります（S は風車の受風面積）．一方，質量流量 m は風車面では

$$m = \rho S v_b$$

となるため，この式を S について解いて，式 (1.15) に代入して式を変形すれば

$$v_b(v_u - v_d) = \frac{p_{in} - p_{out}}{\rho} \tag{1.16}$$

となります．

　風車に単位時間に流入するエネルギーと流出するエネルギーの差が風車に出力 L を与えるため，次元をあわせて

$$L = \frac{m}{\rho}\left[\left(p_{in} + \frac{1}{2}\rho v_b^2\right) - \left(p_{out} + \frac{1}{2}\rho v_b^2\right)\right] = \frac{m}{\rho}(p_{in} - p_{out}) \qquad (1.17)$$

が成り立ちます．一方，エネルギー保存則から風車の出力は上で考えた流管に単位時間に流入するエネルギーと流出するエネルギーの差と等しいため

$$L = \frac{m}{\rho}\left[\left(p_u + \frac{1}{2}\rho v_u^2\right) - \left(p_d + \frac{1}{2}\rho v_d^2\right)\right]$$

とも書けます．遠方での圧力は大気圧 p_∞ と考えられるため上式において $p_u = p_d = p_\infty$ が成り立ちます．したがって，

$$L = \frac{m}{\rho}\left(\frac{1}{2}\rho v_u^2 - \frac{1}{2}\rho v_d^2\right) \qquad (1.18)$$

となります．式 (1.17) と (1.18) から

$$\frac{p_{in} - p_{out}}{\rho} = \frac{1}{2}(v_u - v_d)(v_u + v_d)$$

が得られますが，この式と式 (1.16) から

$$v_b = \frac{1}{2}(v_u + v_d) \qquad (1.19)$$

となることがわかります．

　風車の出力係数 C_p は，風車の出力を，上流での風が風車の受風面積を単位時間に通り過ぎるときのエネルギー[*3]で割ったものなので

$$C_p = L \bigg/ \frac{1}{2}\rho S v_u^3 = \rho v_b S\left(\frac{v_u^2}{2} - \frac{v_d^2}{2}\right) \bigg/ \frac{1}{2}\rho S v_u^3 = \frac{v_b}{v_u}\left[1 - \left(\frac{v_d}{v_u}\right)^2\right] \qquad (1.20)$$

であり，この式に式 (1.19) を代入すれば

$$C_p = \frac{1}{2}(1+x)(1-x^2) \qquad \left(ただし \frac{v_d}{v_u} = x\right) \qquad (1.21)$$

[*3] 単位時間の運動エネルギーは $\frac{1}{2}mv_u^2$ に単位時間に流入する流体の質量 $m = \rho S v_u$ を代入したものです．

となります．出力係数が最大値になる x の値は式 (1.21) を x で微分して 0 と
おけば
$$\frac{dC_p}{dx} = 1 - 2x - 3x^2 = 0$$

であるため $x = 1/3$ となります．そのときの C_p はこの値を式 (1.20) に代入
して
$$C_{pmax} = \frac{1}{2}\left(1 + \frac{1}{3}\right)\left(1 - \frac{1}{9}\right) = \frac{16}{27} = 0.593 \tag{1.22}$$

です．すなわち，理想的な風車であっても，風のもつエネルギーの 59.3 ％以
下のエネルギーしか利用できないことがわかります．（これをベッツ比または
ベッツ限界とよんでいます．）

Chapter 2

完全流体の運動

1章でも述べましたが，流体の運動は質量保存則，運動量の法則，エネルギー保存則によって支配されます．本章と次章ではそのうち保存則としては質量保存（連続の式）だけを用いた議論をします．

2.1 連続の式

1.3 節では流管内の質量保存を考えましたが本節では一般の流体に対する質量保存を表す連続の式を導きます．

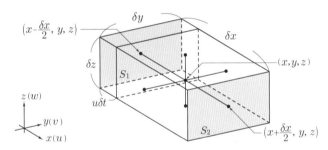

図 2.1 空間内の微小領域

図 2.1 に示すように流体中に微小な直方体領域を考えます．直方体の各辺の長さを δx，δy，δz とし，直方体の中心の座標を (x, y, z) とします．このとき，図に示す x 軸に垂直な面 S_1 をとおして δt 間に領域内に流れ込む流体の質量は，x 方向の速度成分を u，流体の密度を ρ とすれば

$$\rho(x - \delta x/2, y, z, t) \times (u(x - \delta x/2, y, z, t)\delta t) \times \delta y \delta z$$
$$= \rho(x - \delta x/2, y, z, t)u(x - \delta x/2, y, z, t)\delta y \delta z \delta t \tag{2.1}$$

となります．なぜなら，$u(x - \delta x/2, y, z, t)\delta t$ は図の面 S_1 上にあった流体が x 方向に δt 間に移動する距離であり，それに面 S_1 の面積 $\delta y \delta z$ をかけたものが，

δt 間に面 S_1 を通り過ぎる体積となり，さらに密度をかければ質量になるからです．同様に，図の面 S_2 を通って δt 間に領域外に流出する質量は，式 (2.1) の $x - \delta x/2$ を $x + \delta x/2$ でおきかえれば得られるため

$$\rho(x + \delta x/2, y, z, t)u(x + \delta x/2, y, z, t)\delta y\delta z\delta t \qquad (2.2)$$

となります．したがって，δt 間に直方体領域に流入する正味の質量 m_x は

$$\begin{aligned}
m_x = &\delta y\delta z\delta t(\rho(x - \delta x/2, y, z, t)u(x - \delta x/2, y, z, t) \\
&- \rho(x + \delta x/2, y, z, t)u(x + \delta x/2, y, z, t))
\end{aligned}$$

です．ここでテイラー展開の公式

$$f(x \pm h, \cdots) = f(x, \cdots) \pm h\frac{\partial f}{\partial x} + \frac{h^2}{2!}\frac{\partial^2 f}{\partial x^2} \pm \frac{h^3}{3!}\frac{\partial^3 f}{\partial x^3} + \cdots \qquad (2.3)$$

において f を ρ または u，h を $\delta x/2$ とみなし，δx は微小なので，1 次の項だけを残すと

$$\begin{aligned}
&\rho(x - \delta x/2, y, z, t)u(x - \delta x/2, y, z, t) \\
&\sim \delta y\delta z\delta t \left(\rho(x, y, z, t) - \frac{\delta x}{2}\frac{\partial \rho}{\partial x} \right) \left(u(x, y, z, t) - \frac{\delta x}{2}\frac{\partial u}{\partial x} \right) \\
&\sim \delta y\delta z\delta t \left(\rho u - \frac{u\delta x}{2}\frac{\partial \rho}{\partial x} - \frac{\rho\delta x}{2}\frac{\partial u}{\partial x} \right)
\end{aligned}$$

となり，同様に

$$\rho(x + \delta x/2, y, z, t)u(x + \delta x/2, y, z, t) \sim \delta y\delta z\delta t \left(\rho u + \frac{u\delta x}{2}\frac{\partial \rho}{\partial x} + \frac{\rho\delta x}{2}\frac{\partial u}{\partial x} \right)$$

が成り立ちます．したがって

$$m_x \sim -\delta x\delta y\delta z\delta t \left(\rho\frac{\partial u}{\partial x} + u\frac{\partial \rho}{\partial x} \right) = -\delta x\delta y\delta z\delta t \left(\frac{\partial \rho u}{\partial x} \right) \qquad (2.4)$$

となります．

直方体に y 方向から δt 間に流入する正味の流体の質量 m_y は，式 (2.4) において，x と y を交換し，x 方向の速度成分 u を y 方向の速度成分 v とみなせばよいので

$$m_y \sim -\delta y\delta x\delta z\delta t \left(\frac{\partial \rho v}{\partial y} \right) \qquad (2.5)$$

となり，同様に z 方向から δt 間に流入する正味の流体の質量 m_z は，式 (2.4) において，x と z と交換し，x 方向の速度成分 u を z 方向の速度成分 w とみなせばよいため

$$m_z = -\delta z \delta y \delta x \delta t \left(\frac{\partial \rho w}{\partial z} \right) \tag{2.6}$$

となります．質量保存の法則から，直方体領域内の正味の質量増加である式 (2.4), (2.5), (2.6) の和が，直方体の δt 間の密度増加による質量（＝ 密度×体積）の増加

$$\rho(x, y, z, t + \delta t)\delta x \delta y \delta z - \rho(x, y, z, t)\delta x \delta y \delta z$$
$$\sim \left(\rho + \frac{\partial \rho}{\partial t}\delta t - \rho \right) \delta x \delta y \delta z = \frac{\partial \rho}{\partial t}\delta x \delta y \delta z \delta t \tag{2.7}$$

と等しくなります．したがって，質量の保存則を表す式として

$$\frac{\partial \rho}{\partial t}\delta x \delta y \delta z \delta t = m_x + m_y + m_z = -\left(\frac{\partial \rho u}{\partial x} + \frac{\partial \rho v}{\partial y} + \frac{\partial \rho w}{\partial z} \right)\delta x \delta y \delta z \delta t$$

すなわち，

$$\frac{\partial \rho}{\partial t} + \frac{\partial(\rho u)}{\partial x} + \frac{\partial(\rho v)}{\partial y} + \frac{\partial(\rho w)}{\partial z} = 0 \tag{2.8}$$

という式が得られます．式 (2.8) を**連続の式**とよんでいます．

式 (2.8) から

$$\left(\frac{\partial \rho}{\partial t} + u\frac{\partial \rho}{\partial x} + v\frac{\partial \rho}{\partial y} + w\frac{\partial \rho}{\partial z} \right) + \rho \left(\frac{\partial u}{\partial x} + \frac{\partial v}{\partial y} + \frac{\partial w}{\partial z} \right) = 0$$

が得られるため，もし

$$\frac{\partial \rho}{\partial t} + u\frac{\partial \rho}{\partial x} + v\frac{\partial \rho}{\partial y} + w\frac{\partial \rho}{\partial z} = 0 \tag{2.9}$$

が成り立てば，連続の式は

$$\frac{\partial u}{\partial x} + \frac{\partial v}{\partial y} + \frac{\partial w}{\partial z} = 0 \tag{2.10}$$

と簡単化されます．式 (2.9) を**非圧縮性の条件**とよび，この条件が満足される流れを非圧縮性流れとよんでいます．式 (2.9) は密度が一定（$\rho = const.$）で

あれば成り立ちますが，密度が時間，空間的に一定でなくても満たされる場合
があります．

　流れがある特定の方向に変化しない場合，**2 次元流れ**といいます．この特定
の方向を z 方向に選べば，2 次元流れに対する連続の式として

$$\frac{\partial \rho}{\partial t} + \frac{\partial (\rho u)}{\partial x} + \frac{\partial (\rho v)}{\partial y} = 0 \tag{2.11}$$

が得られます．また非圧縮性の 2 次元流れに対する連続の式は

$$\frac{\partial u}{\partial x} + \frac{\partial v}{\partial y} = 0 \tag{2.12}$$

となります．

■ベクトル形　流速はベクトル量であるため，ベクトル記法を用いると式が簡
単になります．ベクトル解析でおなじみの div や**ナブラ演算子** ∇ を用いると，
連続の式は

$$\frac{\partial \rho}{\partial t} + \mathrm{div}\rho \boldsymbol{v} = 0 \quad \text{または} \quad \frac{\partial \rho}{\partial t} + \nabla \cdot (\rho \boldsymbol{v}) = 0 \tag{2.13}$$

$$\mathrm{div}\boldsymbol{v} = 0 \quad \text{または} \quad \nabla \cdot \boldsymbol{v} = 0 \quad （非圧縮性） \tag{2.14}$$

となります．ここで，∇ はデカルト座標では

$$\nabla = \boldsymbol{i}\frac{\partial}{\partial x} + \boldsymbol{j}\frac{\partial}{\partial y} \quad （2 次元）$$

$$\nabla = \boldsymbol{i}\frac{\partial}{\partial x} + \boldsymbol{j}\frac{\partial}{\partial y} + \boldsymbol{k}\frac{\partial}{\partial z} \quad （3 次元） \tag{2.15}$$

です．

■渦度　流速 $\boldsymbol{v}$ から

$$\boldsymbol{\omega} = \mathrm{rot}\boldsymbol{v} \quad \text{または} \quad \boldsymbol{\omega} = \nabla \times \boldsymbol{v} \tag{2.16}$$

によって定義される物理量 $\boldsymbol{\omega}$ も流体力学では重要な意味をもちます. この $\boldsymbol{\omega}$ を**渦度**とよんでいます. デカルト座標で表現すれば

$$\boldsymbol{\omega} = \begin{vmatrix} \boldsymbol{i} & \boldsymbol{j} & \boldsymbol{k} \\ \frac{\partial}{\partial x} & \frac{\partial}{\partial y} & \frac{\partial}{\partial z} \\ u & v & w \end{vmatrix}$$

$$= \boldsymbol{i}\left(\frac{\partial w}{\partial y} - \frac{\partial v}{\partial z}\right) + \boldsymbol{j}\left(\frac{\partial u}{\partial z} - \frac{\partial w}{\partial x}\right) + \boldsymbol{k}\left(\frac{\partial v}{\partial x} - \frac{\partial u}{\partial y}\right) \tag{2.17}$$

です. z 方向に変化しない 2 次元流れを 3 次元的に表せば, $\partial/\partial z = 0$ であり, また流速は $\boldsymbol{v} = (u, v, 0)$ となります. したがって, 式 (2.17) から渦度は

$$\left(0, 0, \frac{\partial v}{\partial x} - \frac{\partial u}{\partial y}\right)$$

となるため, z 成分だけになります. すなわち 2 次元流れの場合, 渦度は

$$\omega = \frac{\partial v}{\partial x} - \frac{\partial u}{\partial y} \tag{2.18}$$

で定義されるスカラー量とみなされます.

■**極座標における連続の式**　式 (2.13), (2.14) は座標系によらず成り立ちます. 図 2.2(a) に示すような**平面極座標**では e_r, e_θ を**基本ベクトル**にとります. このとき, 流速を

$$\boldsymbol{v} = v_r \boldsymbol{e}_r + v_\theta \boldsymbol{e}_\theta \tag{2.19}$$

のように表します. ここで v_r は半径方向の速度成分, v_θ は θ 方向の速度成分です.

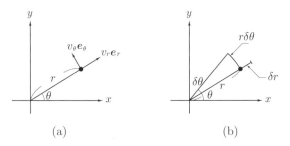

図 2.2　平面極座標

図 2.2 から r 方向の**微小線素**の長さは δr であり，また θ 方向の微小線素の長さは $r\delta\theta$ となるため，∇ は

$$\nabla = \boldsymbol{e}_r \frac{\partial}{\partial r} + \frac{\boldsymbol{e}_\theta}{r} \frac{\partial}{\partial \theta} \tag{2.20}$$

となります．連続の式 (2.13)，(2.14) を極座標で表現する場合，これらの式に式 (2.19)，(2.20) を代入して計算しますが，このとき基本ベクトルは一般に定数ベクトルではないことに注意が必要です．すなわち，図 2.3 を参照すると r 方向の変化に対しては

$$\frac{\partial \boldsymbol{e}_r}{\partial r} = 0, \quad \frac{\partial \boldsymbol{e}_\theta}{\partial r} = 0 \tag{2.21}$$

ですが，θ 方向の変化に対しては

$$\frac{\partial \boldsymbol{e}_r}{\partial \theta} = \boldsymbol{e}_\theta, \quad \frac{\partial \boldsymbol{e}_\theta}{\partial \theta} = -\boldsymbol{e}_r \tag{2.22}$$

となります．したがって，連続の式は

$$
\begin{aligned}
&\left(\boldsymbol{e}_r \frac{\partial}{\partial r} + \frac{\boldsymbol{e}_\theta}{r} \frac{\partial}{\partial \theta} \right) \cdot (v_r \boldsymbol{e}_r + v_\theta \boldsymbol{e}_\theta) \\
&= \boldsymbol{e}_r \cdot \left(\frac{\partial v_r}{\partial r} \boldsymbol{e}_r + v_r \frac{\partial \boldsymbol{e}_r}{\partial r} + \frac{\partial v_\theta}{\partial r} \boldsymbol{e}_\theta + v_\theta \frac{\partial \boldsymbol{e}_\theta}{\partial r} \right) \\
&\quad + \frac{\boldsymbol{e}_\theta}{r} \cdot \left(\frac{\partial v_r}{\partial \theta} \boldsymbol{e}_r + v_r \frac{\partial \boldsymbol{e}_r}{\partial \theta} + \frac{\partial v_\theta}{\partial \theta} \boldsymbol{e}_\theta + v_\theta \frac{\partial \boldsymbol{e}_\theta}{\partial \theta} \right) \\
&= \frac{\partial v_r}{\partial r} + \frac{v_r}{r} + \frac{1}{r} \frac{\partial v_\theta}{\partial \theta} = 0
\end{aligned} \tag{2.23}
$$

と表現されます．

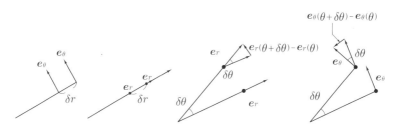

図 2.3　極座標における基本ベクトルの微分

図 2.4 に示す**球座標**

$$x = r \sin\theta \cos\varphi, \quad y = r \sin\theta \sin\varphi, \quad z = r \cos\theta \tag{2.24}$$

では，r，θ，φ 方向の線素はそれぞれ δr，$r\delta\theta$，$r\sin\theta\delta\varphi$ となるため

$$\nabla = \boldsymbol{e}_r \frac{\partial}{\partial r} + \frac{\boldsymbol{e}_\theta}{r} \frac{\partial}{\partial \theta} + \frac{\boldsymbol{e}_\varphi}{r\sin\theta} \frac{\partial}{\partial \varphi} \tag{2.25}$$

です．さらに，基本ベクトルの微分については

$$\frac{\partial \boldsymbol{e}_r}{\partial r} = 0, \quad \frac{\partial \boldsymbol{e}_\theta}{\partial r} = 0, \quad \frac{\partial \boldsymbol{e}_\varphi}{\partial r} = 0 \tag{2.26}$$

$$\frac{\partial \boldsymbol{e}_r}{\partial \theta} = \boldsymbol{e}_\theta, \quad \frac{\partial \boldsymbol{e}_\theta}{\partial \theta} = -\boldsymbol{e}_r, \quad \frac{\partial \boldsymbol{e}_\varphi}{\partial \theta} = 0 \tag{2.27}$$

$$\frac{\partial \boldsymbol{e}_r}{\partial \varphi} = \boldsymbol{e}_\varphi \sin\theta, \quad \frac{\partial \boldsymbol{e}_\theta}{\partial \varphi} = \frac{\sin\theta}{r} \boldsymbol{e}_\varphi, \quad \frac{\partial \boldsymbol{e}_\varphi}{\partial \varphi} = -\boldsymbol{e}_r \sin\theta - \boldsymbol{e}_\theta \cos\theta \tag{2.28}$$

が成り立つことが知られています（図に書けば確かめられます）．これらのことを考慮すれば，連続の式は

$$\nabla \cdot \boldsymbol{v} = \frac{\partial v_r}{\partial r} + \frac{2v_r}{r} + \frac{1}{r} \frac{\partial v_\theta}{\partial \theta} + \frac{v_\theta \cot\theta}{r} + \frac{1}{r\sin\theta} \frac{\partial v_\varphi}{\partial \varphi} \tag{2.29}$$

となります．

2.2 ポテンシャル流れ

速度がひとつのスカラー関数 ϕ を用いて

$$\boldsymbol{v} = \nabla\phi = \boldsymbol{i} \frac{\partial \phi}{\partial x} + \boldsymbol{j} \frac{\partial \phi}{\partial y} + \boldsymbol{k} \frac{\partial \phi}{\partial z} \tag{2.30}$$

と表せるとき，**ポテンシャル流れ**といいます．そして，ϕ のことを**速度ポテンシャル**といいます．ポテンシャル流れに対して渦度 (2.16) を計算すると常に 0 になります．したがって，ポテンシャル流れは**渦無し流れ**ともよばれます．

非圧縮性のポテンシャル流れは，連続の式だけから速度を求めることができます．実際，式 (2.30) を式 (2.14) に代入すれば

$$\nabla^2 \phi = 0 \tag{2.31}$$

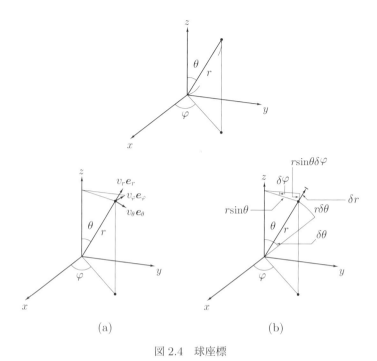

図 2.4 球座標

となります．この方程式は**ラプラス方程式**とよばれ，流体力学のみならず，理工学の各分野で現れる重要な偏微分方程式です．式 (2.31) をデカルト座標で表現すると，2 次元および 3 次元の場合

$$\frac{\partial^2 \phi}{\partial x^2} + \frac{\partial^2 \phi}{\partial y^2} = 0 \tag{2.32}$$

$$\frac{\partial^2 \phi}{\partial x^2} + \frac{\partial^2 \phi}{\partial y^2} + \frac{\partial^2 \phi}{\partial z^2} = 0 \tag{2.33}$$

となります．また，極座標 (r, θ) と**円柱座標系** (r, θ, z) に対しては

$$\frac{\partial^2 \phi}{\partial r^2} + \frac{1}{r}\frac{\partial \phi}{\partial r} + \frac{1}{r^2}\frac{\partial^2 \phi}{\partial \theta^2} = 0 \tag{2.34}$$

$$\frac{\partial^2 \phi}{\partial r^2} + \frac{1}{r}\frac{\partial \phi}{\partial r} + \frac{1}{r^2}\frac{\partial^2 \phi}{\partial \theta^2} + \frac{\partial^2 \phi}{\partial z^2} = 0 \tag{2.35}$$

となります．

Example 1 ....

式 (2.34) を導きなさい.

[Answer]

式 (2.20) ～ (2.22) より

$$\nabla^2 \phi = \nabla \cdot \nabla \phi = \left(\boldsymbol{e}_r \frac{\partial}{\partial r} + \frac{\boldsymbol{e}_\theta}{r} \frac{\partial}{\partial \theta} \right) \cdot \left(\boldsymbol{e}_r \frac{\partial \phi}{\partial r} + \frac{\boldsymbol{e}_\theta}{r} \frac{\partial \phi}{\partial \theta} \right)$$

$$= \frac{\partial^2 \phi}{\partial r^2} \boldsymbol{e}_r \cdot \boldsymbol{e}_r + \frac{\boldsymbol{e}_\theta \cdot \boldsymbol{e}_\theta}{r} \frac{\partial \phi}{\partial r} + \frac{1}{r^2} \frac{\partial^2 \phi}{\partial \theta^2} \boldsymbol{e}_\theta \cdot \boldsymbol{e}_\theta = \frac{\partial^2 \phi}{\partial r^2} + \frac{1}{r} \frac{\partial \phi}{\partial r} + \frac{1}{r^2} \frac{\partial^2 \phi}{\partial \theta^2}$$

....

　球座標の場合にも，上の例題と同様にして，式 (2.25) ～ (2.28) から

$$\nabla^2 \phi = \frac{\partial^2 \phi}{\partial r^2} + \frac{2}{r} \frac{\partial \phi}{\partial r} + \frac{1}{r^2} \frac{\partial^2 \phi}{\partial \theta^2} + \frac{\cot \theta}{r^2} \frac{\partial \phi}{\partial \theta} + \frac{1}{r^2 \sin^2 \theta} \frac{\partial^2 \phi}{\partial \varphi^2} \tag{2.36}$$

が得られます.

　非圧縮性のポテンシャル流れの速度場はラプラス方程式を適当な**境界条件**のもとで解くことにより求めることができます. すなわち，式 (2.31) に境界条件を課して，ϕ を求めれば，速度は式 (2.30)，すなわち

$$u = \frac{\partial \phi}{\partial x}, \quad v = \frac{\partial \phi}{\partial y}, \quad w = \frac{\partial \phi}{\partial z} \tag{2.37}$$

から計算できます.

■**境界条件**　流れを決定するための境界条件は，ふつう境界における流速を課します. たとえば，広い領域を考えて，遠方境界で流速 $\boldsymbol{v} = (u,v,w)$ が与えられている場合には，式 (2.37) がそのまま境界条件になります. また，固定壁面における境界条件は境界と垂直方向の速度成分が 0 であるという条件になります. もし，境界に相対的に垂直方向の速度をもつとすれば，流体は境界にしみ込んだり，あるいは境界近くに真空部分をつくったりして不合理になります. したがって，もし $x-y$ 面に平行な面が壁であれば，$\partial \phi / \partial z = 0$ が境界条件になります.

以下，ラプラス方程式の特解をいくつか示します．

（1）一様流れ

$$\phi = ax + by + cz \tag{2.38}$$

$(a, b, c$ は定数）はラプラス方程式 (2.33) を満足します．したがって，非圧縮性のポテンシャル流れを表します．速度を式 (2.37) から求めると

$$\boldsymbol{v} = (a, b, c)$$

となるため，場所によりません．このような流れを一様流れといいます．特に $a = U,\ b = c = 0$ の場合には，x 軸に平行な速さ U の流れを表します．

（2）湧き出し（吸い込み）流れ

ラプラス方程式の解で球対称（原点からの距離だけの関数）のものを求めてみます．この場合，ラプラス方程式は式 (2.36) において θ と ϕ に関する微分を 0 とおいて

$$\frac{d^2\phi}{dr^2} + \frac{2}{r}\frac{d\phi}{dr} = \frac{1}{r^2}\frac{d}{dr}\left(r^2\frac{d\phi}{dr}\right) = 0$$

となります．この方程式は容易に積分できて解は

$$\phi = -\frac{m}{r} + C \quad (m, C : 定数) \tag{2.39}$$

となります．ここで C は本質的な役割を果たさないため 0 とおくことができます．速度は式 (2.25) より

$$\boldsymbol{v} = \nabla\phi = \boldsymbol{e}_r\frac{\partial\phi}{\partial r} + \frac{\boldsymbol{e}_\theta}{r}\frac{\partial\phi}{\partial\theta} + \frac{\boldsymbol{e}_\phi}{r\sin\theta}\frac{\partial\phi}{\partial\varphi} = \frac{m}{r^2}\boldsymbol{e}_r$$

となるため

$$v_r = \frac{m}{r^2}, \quad v_\theta = 0, \quad v_\varphi = 0 \tag{2.40}$$

となります．これは図 2.5 に示すように，m の正負に応じて原点から湧き出したり吸い込まれたりする流れを表すため，**湧き出し**または**吸い込み**とよばれています．

図 2.5　湧き出しと吸い込み

　単位時間に湧き出す（吸い込まれる）流体の量は以下のようにして計算できます．原点中心の半径 a の球上に微小面積 dS をとれば，流れはこの面に垂直方向を向いているため，この面を単位時間に通過する流体の体積（密度を 1 とすれば質量）は $v_r dS$ となります．したがって，球面全体では

$$Q = \int_S v_r dS = \int_S \frac{m}{a^2} dS = \frac{m}{a^2} \int_S dS = \frac{m}{a^2} \times 4\pi a^2 = 4\pi m$$

です．したがって，球面の半径によらず一定値をとることがわかります．

（3）ポテンシャルの重ね合わせ

　ラプラス方程式は線形であるため，**解の重ね合わせ**ができます．すなわち，ϕ_1 と ϕ_2 をラプラス方程式の解とすれば，a と b を定数として，$a\phi_1 + b\phi_2$ も解になります．なぜなら

$$\nabla^2(a\phi_1 + b\phi_2) = a\nabla^2\phi_1 + b\nabla^2\phi_2 = 0$$

が成り立つからです．このことを利用すれば，基本的なポテンシャル流れからいろいろなポテンシャル流れをつくることができます．そこで，たとえば (1) と (2) のポテンシャルから

$$\phi = Ux - \frac{m}{r} \quad (m > 0) \tag{2.41}$$

をつくったとき，これもポテンシャル流れを表します．このポテンシャルは x 軸に関して回転対称になっており，ひとつの回転面に対して流線を表示すると図 2.6 のようになります．この図からもわかるように x 軸上のある点において，一様流と湧き出しのつくる流れがぶつかって流速が 0 になります．その点

の座標を $(-a, 0, 0)$ とすれば

$$u = \frac{\partial \phi}{\partial x} = U - \frac{m}{a^2} = 0 \text{ より } a = \sqrt{m/U} \qquad (2.42)$$

です．一方，無限遠方では式 (2.41) は第 1 項の効果のみ現れるため，流れはいたるところ一様となり，原点から湧き出した流体は無限下流ではある円筒内に閉じ込められます．この円筒の半径を b とすれば

$$U\pi b^2 = 4\pi m, \quad b = \sqrt{4m/U} = 2a \qquad (2.43)$$

となります．

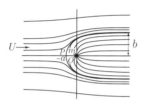

図 2.6　一様流と湧き出しの重ね合わせ

Chapter 3

関数論と２次元ポテンシャル流れ

前章ではポテンシャル流れを 2 次元と 3 次元の流れを区別せずに解説しましたが，本章では 2 次元の非圧縮性のポテンシャル流れに話を限ることにします．このように 2 次元に話を限ることにより，複素関数論を用いて流れが議論できることになります．

3.1 流れ関数

ある領域内で非圧縮性の 2 次元流れを考えます．その領域に固定点 A を通る任意の曲線 C をとって，この曲線を左から右に単位時間に通過する流体の体積（**流量**）を求めてみます．図 3.1 に示すように，曲線上に微小な長さ ds の線素を考え，そこでの流速を $\boldsymbol{v}$ とし，この $\boldsymbol{v}$ を線素に垂直な速度 v_n と線素に沿った速度 v_t に分解します．このとき，流量の通過に寄与するのは v_n であり，通過量は単位時間あたり $v_n ds$ となります．したがって，曲線 AP 全体の単位時間あたりの通過量，すなわち流量 $\psi(P)$ は

$$\psi(P) = \int_A^P v_n ds \tag{3.1}$$

となります．この流量は P の位置だけで決まり，曲線 C のとり方によりません．なぜなら，図のようにもうひとつの曲線 C' を考えた場合，もし曲線 C と曲線 C' を通過する流量が異なっていたとすれば，流量（密度を一定としているため質量）が保存されないからです．ただし，曲線 C と C' の間で流体が湧き出していたり吸い込まれていたりする場合にはこのことは成り立ちません．ここでは領域内にそのような特異点はないとしています．

式 (3.1) で定義された関数 ψ を**流れ関数**といいます．式 (3.1) から，2 点 P_1，P_2 間の流れ関数の差は

$$\psi(P_2) - \psi(P_1) = \int_A^{P_2} v_n ds - \int_A^{P_1} v_n ds = \int_{P_1}^{P_2} v_n ds$$

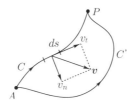

図 3.1　曲線 C をとおりすぎる流量

となるため，領域内の 2 点の流れ関数の差はその 2 点を結ぶ曲線を通過する単位時間あたりの流量になります．ただし，この式を導くとき図 3.2 のような積分路の変形を行っています．

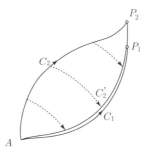

図 3.2　積分路の変形

いま，P_1 と P_2 が十分に近ければ，積分内の v_n は一定とみなすことができるため

$$\psi(P_2) - \psi(P_1) = v_n \int_{P_1}^{P_2} ds = v_n \delta s$$

が成り立ちます．したがって，

$$v_n = \frac{\partial \psi}{\partial s} \tag{3.2}$$

です．図 3.1 を参照すれば，この式は以下のことを表しています．

> 流れ関数を，方向のついた微小線素に沿って微分した場合，曲線の進行方向に対し直角右側の速度成分が得られる

特に曲線として y 軸および x 軸に平行に正の方向に進む直線を考えた場合，式 (3.2) は

$$u = \frac{\partial \psi}{\partial y}, \quad v = -\frac{\partial \psi}{\partial x} \tag{3.3}$$

となります．また，極座標の場合には，

$$v_r = \frac{1}{r}\frac{\partial \psi}{\partial \theta}, \quad v_\theta = -\frac{\partial \psi}{\partial r} \tag{3.4}$$

となります．

　2 次元平面内に流れ関数が一定であるような曲線（流れ関数の等値線）を考えると，この曲線上では流れ関数の差は 0 であるため，流れはこの曲線を横切りません．すなわち，流体はこの曲線に沿って流れます．このような曲線は以前に述べたように**流線**といいます．

　なお，3 次元では流れ関数は定義できませんが，流線は流体がそれに沿って流れるような曲線，いいかえればその曲線の任意の点での接線方向が，その点の流速と平行になっている曲線として定義できます．式で表せば

$$d\boldsymbol{r} /\!/ \boldsymbol{v} \tag{3.5}$$

です．2 次元の場合には，式 (3.5) は

$$(dx, dy) = k(u, v) \quad \text{より} \quad udy - vdx = 0 \tag{3.6}$$

ですが，式 (3.3) より

$$udy - vdx = \frac{\partial \psi}{\partial y}dy + \frac{\partial \psi}{\partial x}dx = d\psi = 0$$

となります．この式から確かに流線上では

$$\psi = \text{一定}$$

が成り立っています．

3.2　循環と速度ポテンシャル

　ある曲線を通過する流量を求めるときその曲線に垂直方向の速度を積分しました。次に，接線方向の速度を積分してみます。すなわち

$$\phi(P) = \int_A^P v_t ds$$

という量を考えます。ただし，A は固定点です。

　いま，$\phi(P)$ の値が曲線 C のとり方によらず P の位置のみに依存すると仮定します。このことは，点 A と P をとおる任意の閉曲線 C に対して

$$\Gamma(C) = \oint_C v_t ds = \oint_C \boldsymbol{v} \cdot d\boldsymbol{r} \tag{3.7}$$

と定義したとき

$$\Gamma(C) = 0$$

であることを意味しています。なぜなら C_{-2} を C_2 と逆向きの曲線としたとき

$$\Gamma(C) = \oint_C v_t ds = \int_{C_1} v_t ds + \int_{-C_2} v_t ds = \int_{C_1} v_t ds - \int_{C_2} v_t ds$$

となるため，C_1 に沿った積分と C_2 に沿った積分が仮定から等しくなるからです（図 3.2）。式 (3.7) の $\Gamma(C)$ を C に沿った**循環**といいます。循環が 0 の場合には，P_1 と P_2 を十分に近い点としたとき，

$$\phi(P_2) - \phi(P_1) = \int_A^{P_2} v_t ds - \int_A^{P_1} v_t ds = \int_{P_1}^{P_2} v_t ds$$

より

$$v_t = \frac{\partial \phi}{\partial s} \tag{3.8}$$

が成り立つことがわかります。特に s として x 方向と y 方向を考えれば式 (3.8) は

$$u = \frac{\partial \phi}{\partial x}, \quad v = \frac{\partial \phi}{\partial y} \tag{3.9}$$

を意味するため，ϕ は速度ポテンシャルに他なりません．まとめると，任意の曲線に沿って循環が 0 であれば，速度ポテンシャルが存在することがわかります．

なお，極座標では r 方向には $\delta s = \delta r$，θ 方向には $\delta s = r \delta \theta$ であるため

$$v_r = \frac{\partial \phi}{\partial r}, \quad v_\theta = \frac{1}{r}\frac{\partial \phi}{\partial \theta} \tag{3.10}$$

となります．

3.3　複素速度ポテンシャル

2 次元の非圧縮性のポテンシャル流れでは，速度ポテンシャル ϕ と流れ関数 ψ が同時に存在します．流速 u，v を速度ポテンシャルと流れ関数を使って表現すると

$$
\begin{aligned}
u &= \frac{\partial \phi}{\partial x} = \frac{\partial \psi}{\partial y} \\
v &= \frac{\partial \phi}{\partial y} = -\frac{\partial \psi}{\partial x}
\end{aligned}
\tag{3.11}
$$

となります．実部に速度ポテンシャル，虚部に流れ関数をもつ複素関数 $f(z)$ を

$$f(z) = \phi(x, y) + i\psi(x, y) \tag{3.12}$$

で定義します．

一般に任意の 2 つの実関数を実部と虚部にして複素関数をつくるとそれは z と $\bar{z}$ を含んだ $F(z, \bar{z})$ という形になります．一方，式 (3.12) のように z だけの関数で記したのは，式 (3.11) が式 (3.12) の右辺が**正則関数**であることを意味する**コーシー・リーマンの関係式**（方程式）になっているからです．すなわち，式 (3.11) が成り立つとき式 (3.12) で定義される関数は正則関数であり，z だけで表されます．したがって，2 次元非圧縮性のポテンシャル流れの性質を調べることは正則関数の性質を調べることと同等です．

正則関数とは z で微分可能な関数のことですが，複素数関数の微分は

$$\frac{df}{dz} = \lim_{\delta z \to 0} \frac{f(z + \delta z) - f(z)}{\delta z} \tag{3.13}$$

で定義されます．これが存在するためには δz を 0 に近づける近づけ方によらず，式 (3.13) の値が一定である必要があります（そのための必要十分条件がコーシー・リーマンの方程式です）．そこで，式 (3.12) を z で微分した結果は，y を一定に保った微分と等しくなります．すなわち

$$\frac{df}{dz} = \frac{\partial f}{\partial x} = \frac{\partial \phi}{\partial x} + i\frac{\partial \psi}{\partial x} = u - iv \tag{3.14}$$

が成り立ちます．この式に現れる

$$w = u - iv \tag{3.15}$$

を**複素速度**といいます．そして，$f(z)$ を**複素速度ポテンシャル**とよんでいます．

複素速度を閉曲線 C に沿って積分すると

$$\oint_C w\,dz = \oint_C \frac{df}{dz}\,dz = \oint_C df = \oint_C d\phi + i\oint_C d\psi = \Gamma(C) + iQ(C) \tag{3.16}$$

となります．ここで，$\Gamma(C)$ は前述の C のまわりの循環であり，$Q(C)$ は**湧き出し**とよばれる量です．

3.4 簡単な流れ

前節では任意の正則関数を複素速度ポテンシャルとみなせば，それに対応する 2 次元非圧縮性の渦無し流れが存在することを示しました．そこで，本節では，いくつかの簡単な正則関数が表す流れを具体的に調べてみます．

(1) $f(z) = z$

もっとも簡単な正則関数に $f(z) = z$ がありますが，これが表す流れは，

$$f = \phi + i\psi, \quad z = x + iy \tag{3.17}$$

とおくことによって調べることができます．このとき

$$\phi + i\psi = x + iy$$

であるため，流れ関数が求まり $\psi = y$ となります．したがって，流線は $y = const.$ であり，x 軸に平行な直線です．ここで，流れ関数を y で微分すると $u = \partial\psi/\partial y = 1$ となるため，流れは右を向いていることがわかります．したがって，式 (3.17) は右向きの**一様流**（流速 1）を表します．

(2)　$f = z^2$
式 (3.17) を代入すると

$$\phi + i\psi = (x + iy)^2 = x^2 - y^2 + i2xy \tag{3.18}$$

より，流れ関数は $\psi = 2xy$ となります．したがって，流線は $xy = const.$ であり，直角双曲線です．さらに x 方向速度 u は $u = \partial\psi/\partial y = 2x$ となるため，$x > 0$ ならば右向きの流れになります．y 軸上では $u = 0$ です．また $v = -\partial\psi/\partial x = -2y$ なので，x 軸上では $v = 0$ です．以上のことから，$f = z^2$ が表す流れは，図 3.3(b) に示すような流れになります．なお，上に述べたように，軸上では軸を横切る流れがないため，軸を壁面とみなせます．このことから，$f = z^2$ は**直角をまわる流れ**と解釈できます．

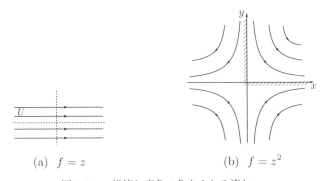

(a)　$f = z$　　　　　　　　(b)　$f = z^2$

図 3.3　一様流と直角の角をまわる流れ

(3) 湧き出し

$$f = \frac{b}{2\pi} \log z \quad （b：実数） \tag{3.19}$$

座標として極座標 $z = re^{i\theta}$ をとるのが便利です．極座標での速度成分は半径方向速度 v_r と周方向速度 v_θ ですが，それらと速度ポテンシャル，流れ関数の間の関係は式 (3.10)，(3.4) より

$$v_r = \frac{\partial \phi}{\partial r}, \qquad v_\theta = \frac{1}{r}\frac{\partial \phi}{\partial \theta} \tag{3.20}$$

$$v_r = \frac{1}{r}\frac{\partial \psi}{\partial \theta}, \qquad v_\theta = -\frac{\partial \psi}{\partial r} \tag{3.21}$$

です．式 (3.19) は

$$\phi + i\psi = \frac{b}{2\pi}\log re^{i\theta} = \frac{b}{2\pi}\log r + \frac{ib}{2\pi}\theta \tag{3.22}$$

と書けるため，流れ関数は $\psi = b\theta/(2\pi) = $ 一定 になります．したがって，流線は原点をとおる直線群です（図 3.4(a)）．このとき，半径方向の速度は式 (3.21) から $v_r = b/(2\pi r)$ となり原点からの距離に反比例します．原点を中心とする半径 a の円を通りすぎる流量は

$$\oint_C d\psi = \oint_C v_r ds = \int_0^{2\pi} \frac{1}{2\pi}\frac{b}{a}a d\theta = b$$

であり，半径によらない定数になります．このことから，もとの関数は強さ b の**湧きだし** $(b > 0)$ または**吸い込み** $(b < 0)$ であることがわかります．

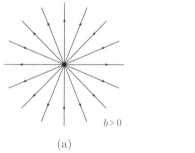
(a)

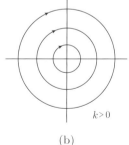
(b)

図 3.4　湧き出しと渦糸

(4) 渦糸

$$w = i\frac{k}{2\pi}\log z \quad (k : 実数) \tag{3.23}$$

が表す流れを考えてみます．湧き出しのときと同じように z を極座標 $re^{i\theta}$ で表現すれば，複素速度ポテンシャルとして

$$\phi + i\psi = -\frac{k}{2\pi}\theta + i\frac{k}{2\pi}\log r$$

が得られます．この式は流線が

$$\psi = \frac{k}{2\pi}\log r = 一定 \quad (したがって r = 一定)$$

で表されること，すなわち同心円であることを示しています（図 3.4(b)）.
　流れ関数を用いて周方向の速度を求めれば

$$v_\theta = -\frac{\partial\psi}{\partial r} = -\frac{k}{2\pi r}$$

となり，θ によらず一定値をとります．そして $k < 0$ のときは反時計まわり，$k > 0$ のときは時計まわりの流れになっています.
　この流れの循環を求めれば

$$\Gamma(C) + iQ(C) = \oint \frac{dw}{dz}dz = i\frac{k}{2\pi}\oint \frac{1}{z}dz = \frac{ik}{2\pi}\times 2\pi i = -k$$

です．すなわち $\Gamma(C) = -k$ となり，k は循環の大きさを表わしています．このように式 (3.23) で表わされる流れは同心円を描く流れであるため，渦のように見えます．渦無しであるにもかかわらず渦というのは矛盾するようですが，実際，式 (3.23) の表す流れ場から渦度を計算すれば原点以外では 0 になっています．したがって，式 (3.23) は原点に渦度が集中したものとみなすことができます．このことから式 (3.23) は**渦糸**とよばれます.

(5) $f = 1/z$

　流れ関数を求めるために $z = x + iy$ を代入すれば

$$\phi + i\psi = \frac{1}{x + iy} = \frac{x}{x^2 + y^2} - i\frac{y}{x^2 + y^2}$$

となります．したがって，流線は虚数部が一定の曲線なので

$$x^2 + y^2 = Ay, \quad すなわち \quad x^2 + \left(y - \frac{A}{2}\right)^2 = \left(\frac{A}{2}\right)^2$$

と書けます．これは図 3.5(a) に示すように x 軸に接する円群を表しています．また速度は

$$\frac{dw}{dz} = u - iv = -\frac{1}{z^2} = -\frac{\bar{z}^2}{z^2 \bar{z}^2} = -\frac{x^2 - y^2}{|z|^4} + i\frac{2xy}{|z|^4}$$

となるため，（$y = 0$ のとき $u < 0$ であるため）流れの向きは図のようになります．以上のことから $1/z$ は原点から左方向に湧きだし，そして原点に右方向から吸い込まれる流れを表しており，**二重湧き出し**とよばれています．

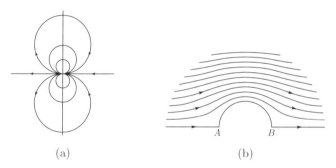

(a)   (b)

図 3.5　２重湧き出しと円柱まわりの流れ（循環なし）

(6) 円柱まわりの流れ

一様流と二重湧き出しの重ね合わせ

$$f = z + \frac{a^2}{z} \quad (a：正の実数) \tag{3.24}$$

を考えてみます．式 (3.17) を代入すると

$$\begin{aligned}
\phi + i\psi &= x + iy + \frac{a^2}{x + iy} = x + iy + \frac{a^2(x - iy)}{x^2 + y^2} \\
&= x\left(1 + \frac{a^2}{x^2 + y^2}\right) + iy\left(1 - \frac{a^2}{x^2 + y^2}\right)
\end{aligned}$$

となります．したがって，流れ関数は $\psi = y(1 - a^2/(x^2 + y^2))$ です．流線は $\psi = const.$ を満たす曲線になります．関数の形からこの曲線は y 軸に関して対称であることや，$y > 0$ のときは最大値を，$y < 0$ のときは最小値をそれぞれ y 軸上でとること，および遠方では一様流に近づくことなどがわかります．特に $const. = 0$ をみたす流線は，

$$y = 0, \qquad x^2 + y^2 = a^2$$

となるため，x 軸または半径 a の円を表します．いいかえれば，x 軸と円が流線になっています．一方，遠方では $1/z$ の効果は小さくなるため，$f = z$ すなわち右向きの一様流れになります．以上のことから，$f = z + a^2/z$ が表す流れは半径 a の円柱まわりに右向きの一様流があたる流れ（**円柱まわりの流れ**）を表します．なお，流線は図 3.5(b) に示したようになりますが，これはコンピュータを用いて作図したものです．

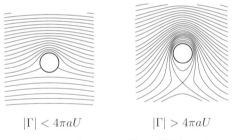

$$|\Gamma| < 4\pi a U \qquad\qquad |\Gamma| > 4\pi a U$$

図 3.6　円柱まわりの流れ（循環あり）

次に式 (3.24) を式 (3.23)（$k = \Gamma$ とおいています）に重ね合わせて

$$w = U\left(z + \frac{a^2}{z}\right) + \frac{i\Gamma}{2\pi}\log z \tag{3.25}$$

をつくり，この式から速度ポテンシャルと流れ関数を計算すれば

$$\phi = U\left(r + \frac{a^2}{r}\right)\cos\theta - \frac{\Gamma\theta}{2\pi}$$

$$\psi = U\left(r - \frac{a^2}{r}\right)\sin\theta + \frac{\Gamma}{2\pi}\log r$$

となります．この場合も $r = a$ は流線になっていますが，$\theta = 0$ はもはや流線ではありません．上式を用いて流線を描けば，図 3.6 のようになります．また速度成分を計算すれば

$$
\begin{aligned}
v_r &= \frac{1}{r}\frac{\partial \psi}{\partial \theta} = U\left(1 - \frac{a^2}{r^2}\right)\cos\theta \\
v_\theta &= -\frac{\partial \psi}{\partial r} = -U\left(1 + \frac{a^2}{r^2}\right)\sin\theta - \frac{\Gamma}{2\pi r}
\end{aligned} \tag{3.26}
$$

となり，式 (3.24) が表す速度に渦糸のつくる速度を加えたものになっています．以上のことから式 (3.25) は**循環をもつ円柱まわりの流れ**とみなすことができます．

Chapter 4

運動方程式

　今までは基礎方程式として連続の式だけを用い，それに加えて流れが非圧縮で渦無しと仮定しただけでどれだけのことがわかるかについて議論してきました．本章では運動量の法則から運動方程式を導きます．非圧縮性の流れを議論する場合，流体に特別な外力が働かないときには，質量保存則と運動量の法則だけで（渦無し流れという仮定を使わなくても）未知数と方程式の数は一致します．なお，本章では流体に粘性はないと仮定しますが，その仮定と渦無し流れという仮定との関係についても調べます．

4.1　運動量の法則

　流体の状態を指定する重要な量に圧力があります．たとえば，流体内におかれた物体に働く力を見積もる場合，流体から物体に働く圧力を求める必要があります．圧力を考える場合，今まで考えなかった**運動量の保存**を考慮する必要があるため，本節ではその法則を式で表すことにします．なお，簡単のため 2 次元で話を進めますが 3 次元の場合も同様です．

　図 4.1 に示すように流体内に，座標軸に平行な辺をもつ微小な長方形を考えます．運動量保存則は，この長方形に対して

> 長方形内の δt 間の運動量の変化はこの長方形に働く力の δt 間の力積に等しい

と表されます．運動量および力はベクトル量なので，ここでは x 方向に対して運動量の法則を考えます．もちろん y 方向に対しても同様の議論が成り立ちます．

　はじめに δt 間の長方形内の運動量の変化について考えてみます．運動量は質量に速度をかけたもの，すなわち密度 × 体積 × 速度なので，δt 間の運動量

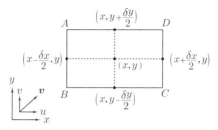

図 4.1 運動量保存則

の変化は

$$\rho(x, y, t + \delta t)(\delta x \delta y)u(x, y, t + \delta t) - \rho(x, y, t)(\delta x \delta y)u(x, y, t)$$

です．テイラー展開して δt の 1 次の項まで残せば

$$与式 = \left(\left(\rho + \delta t \frac{\partial \rho}{\partial t} + \cdots \right) \left(u + \delta t \frac{\partial u}{\partial t} + \cdots \right) - \rho u \right) \delta x \delta y$$

$$\sim \left(\rho \frac{\partial u}{\partial t} + u \frac{\partial \rho}{\partial t} \right) \delta t \delta x \delta y = \frac{\partial \rho u}{\partial t} \delta t \delta x \delta y \tag{4.1}$$

となります．

　この運動量の変化は上述のとおり力積でもたらされますが，それ以外に流体は流れることにより運動量を運ぶということも考慮する必要があります．図 4.1 の辺 AB をとおして δt 間に流入する x 方向の運動量は，

密度 × 体積 × 速度 $= \rho(x - \delta x/2, y, t)(u(x - \delta x/2, y, t)\delta t \delta y)u(x - \delta x/2, y, t)$

となります．同様に CD をとおして δt 間に流出する x 方向の運動量は

$$\rho(x + \delta x/2, y, t)(u(x + \delta x/2, y, t)\delta t \delta y)u(x + \delta x/2, y, t)$$

です．質量保存を考えたときと違う点は，x 方向の運動量は辺 BC や辺 AD から流出入する流体によっても運ばれるという点です．すなわち，辺 BC をとおして δt 間に流入する x 方向の運動量は

密度 × 体積 × 速度 $= \rho(x, y - \delta y/2, t)(v(x, y - \delta y/2, t)\delta t \delta x)u(x, y - \delta y/2, t)$

であり，辺 AD をとおして δt 間に流出する x 方向の運動量は

$$\rho(x, y + \delta y/2, t)(v(x, y + \delta y/2, t)\delta t \delta x)u(x, y + \delta y/2, t)$$

となります．流入量から流出量を引くと流体によって長方形内にもちこまれる正味の運動量が求まります．前と同様にテイラー展開して $\delta x \delta y$ のオーダーの項まで残すと

$$-\left(\frac{\partial(\rho uu)}{\partial x}+\frac{\partial(\rho uv)}{\partial y}\right)\delta x \delta y \delta t \tag{4.2}$$

となります．

　次に長方形部分に働く力について考えてみます．この力は2種類に分けられます．ひとつは表面をとおして働く力であり，もうひとつは内部の実質部分に働く力です．前者は**面積力**とよばれ，流体では圧力と粘性力があります．ただし，完全流体では粘性を考えないため圧力だけです．後者は**体積力**とよばれ，重力や浮力，また回転系ではコリオリ力なども含まれます．

　圧力とは面に垂直に働く単位面積当たりの力（押す方向を正にとります）を指します．これは場所（と時間）の関数であるため，$p(x,y,t)$ と記すことにします．微小長方形に働く x 方向の正味の面積力は，AB に働く圧力に辺 AB の長さ δy をかけたものから，CD に働く圧力に辺 CD の長さをかけたものを引いたものになります．したがって，

$$面積力 = p(x-\delta x/2,y,t)\delta y - p(x+\delta x/2,y,t)\delta y$$
$$= -\frac{\partial p}{\partial x}\delta x \delta y + O((\delta x)^2 \delta y) \tag{4.3}$$

ただし，ここでもテイラー展開を用いています．

　体積力に関しては，考える問題によっていろいろな場合が考えられるため，ここでは単位質量あたりの体積力を $\boldsymbol{F}$，その x 成分を F_x と記すことにします．したがって，長方形に働く体積力は

$$体積力 = F_x \rho \delta x \delta y \tag{4.4}$$

となります．以上のことから，長方形部分に δt 間に働く力積は

$$\left(-\frac{\partial p}{\partial x}+\rho F_x\right)\delta x \delta y \delta t \tag{4.5}$$

です．式 (4.1)，(4.2)，(4.5) から x 方向の運動量の法則を表す式として

$$\frac{\partial(\rho u)}{\partial t}=-\frac{\partial(\rho uu)}{\partial x}-\frac{\partial(\rho uv)}{\partial y}-\frac{\partial p}{\partial x}+\rho F_x \tag{4.6}$$

が得られます．一方，

$$\frac{\partial(\rho u)}{\partial t} + \frac{\partial(\rho uu)}{\partial x} + \frac{\partial(\rho uv)}{\partial y}$$
$$= u\left(\frac{\partial \rho}{\partial t} + \frac{\partial(\rho u)}{\partial x} + \frac{\partial(\rho v)}{\partial y}\right) + \rho\left(\frac{\partial u}{\partial t} + u\frac{\partial u}{\partial x} + v\frac{\partial u}{\partial y}\right)$$

が成り立ち，しかも右辺のはじめの括弧内は連続の式から 0 になります．このことを考慮すれば，式 (4.6) は簡略化されて，

$$\frac{\partial u}{\partial t} + u\frac{\partial u}{\partial x} + v\frac{\partial u}{\partial y} = -\frac{1}{\rho}\frac{\partial p}{\partial x} + F_x \tag{4.7}$$

となります．

　y 方向に対する運動量の法則は同様にして導けます[*1]．結果だけ記すと

$$\frac{\partial v}{\partial t} + u\frac{\partial v}{\partial x} + v\frac{\partial v}{\partial y} = -\frac{1}{\rho}\frac{\partial p}{\partial y} + F_y \tag{4.8}$$

となります．

　式 (4.6), (4.7) は完全流体（粘性をもたず、面積力は圧力だけの流体）の運動量の法則を表す方程式で**オイラー方程式**とよばれています．なお，オイラー方程式はベクトル形式で

$$\frac{\partial \boldsymbol{v}}{\partial t} + (\boldsymbol{v}\cdot\nabla)\boldsymbol{v} = -\frac{1}{\rho}\nabla p + \boldsymbol{F} \tag{4.9}$$

と書くことができます．ここで演算子 $\boldsymbol{v}\cdot\nabla$ は

$$\boldsymbol{v}\cdot\nabla = (u\boldsymbol{i} + v\boldsymbol{j})\cdot\left(\boldsymbol{i}\frac{\partial}{\partial x} + \boldsymbol{j}\frac{\partial}{\partial y}\right) = u\frac{\partial}{\partial x} + v\frac{\partial}{\partial y} \tag{4.10}$$

で定義されます[*2]．

[*1] 簡単には連続の式のところでも行いましたが，x と y および u と v の役割を交換します．

[*2] 3 次元では

$$v\cdot\nabla = u\frac{\partial}{\partial x} + v\frac{\partial}{\partial y} + w\frac{\partial}{\partial z} \tag{4.11}$$

4.2　ベルヌーイの定理

オイラー方程式に現れた $(\boldsymbol{v} \cdot \nabla)\boldsymbol{v}$ はベクトル解析の公式を用いると

$$(\boldsymbol{v} \cdot \nabla)\boldsymbol{v} = -\boldsymbol{v} \times (\nabla \times \boldsymbol{v}) + \frac{1}{2}\nabla|\boldsymbol{v}|^2 \tag{4.12}$$

というように書き換えられます[*3].

さらに，外力 $\boldsymbol{F}$ が

$$\boldsymbol{F} = -\nabla\chi \tag{4.13}$$

というように，スカラーの関数 χ の勾配の形で書けると仮定します．このような形になる力を**保存力**といいます[*4].

密度が一定値 ρ_0 であるとした上で，式 (4.12)，(4.13) をオイラー方程式 (4.9) に代入すると，

$$\frac{\partial \boldsymbol{v}}{\partial t} + (\nabla \times \boldsymbol{v}) \times \boldsymbol{v} = -\nabla\left(\frac{1}{2}|\boldsymbol{v}|^2 + \frac{p}{\rho_0} + \chi\right) \tag{4.14}$$

となります[*5].

流体内に流線を 1 本考えます．流線の接線単位ベクトルを e として，式 (4.14) と e の内積をとると，ベクトル $\nabla \times \boldsymbol{v}$ はベクトル $\boldsymbol{v}$，したがってベクトル e と垂直であるため，左辺の第 2 項は消えて

$$\boldsymbol{e} \cdot \frac{\partial \boldsymbol{v}}{\partial t} = -\boldsymbol{e} \cdot \nabla\left(\frac{1}{2}|\boldsymbol{v}|^2 + \frac{p}{\rho_0} + \chi\right) = -\frac{\partial}{\partial l}\left(\frac{1}{2}|\boldsymbol{v}|^2 + \frac{p}{\rho_0} + \chi\right) \tag{4.15}$$

[*3] 外積は 3 次元ベクトルで定義されるため，2 次元流の場合には $\boldsymbol{v} = (u, v, 0)$ と考えます．式 (4.12) を 3 次元の場合に証明するためには両辺の成分を比較します．たとえば，x 成分について調べると

右辺 $= -v(v_x - u_y) + w(u_z - w_x) + (u^2 + v^2 + w^2)_x/2$

$= -vv_x + vu_y + wu_z - ww_x + uu_x + vv_x + ww_x = uu_x + vu_y + wu_z =$ 左辺

[*4] 重力は z 軸を鉛直上向きにとれば $(0, 0, -g)$ なので $\chi = gz$ とおけば保存力です．

[*5] 密度が一定でなくても，圧力だけの関数の場合すなわち $\rho = f(p)$ と書ける場合は $P = \int \frac{dp}{\rho}$ は圧力の関数となり $\frac{1}{\rho}\nabla p = \nabla P$ が成り立ちます．この場合，式 (4.14) の右辺の p/ρ_0 は P でおきかえられます．これはもちろん式 (4.14) を特殊な場合として含んだ式になります．

となります．ここで $\partial/\partial l$ は流線に沿った**方向微分**[*6]です．

　時間的に変化しない流れを考えます．このような流れは**定常流**とよばれますが，定常流であれば式 (4.15) の左辺は 0 になります．このとき，式 (4.15) は l に沿って

$$\frac{1}{2}|\boldsymbol{v}|^2 + \frac{p}{\rho_0} + \chi = 一定値 \tag{4.16}$$

であることを意味しています．ただし，一般に上式の左辺の一定値は流線ごとに異なっています．式 (4.16) は**ベルヌーイの定理**とよばれています．

　特に外力として重力を考えると $\chi = gz$ であるため，式 (4.16) はよく知られた形

$$\frac{1}{2}\rho_0 v^2 + p + \rho_0 gz = 一定値 \tag{4.17}$$

になります（$|\boldsymbol{v}| = v$ とおいています）．

■**圧力方程式**　流れが渦無しの場合，$\boldsymbol{v} = \nabla\phi$ と書け，また $\nabla \times \boldsymbol{v} = 0$ であるため式 (4.14) は

$$\nabla\left(\frac{\partial\phi}{\partial t} + \frac{1}{2}|\boldsymbol{v}|^2 + \frac{p}{\rho_0} + \chi\right) = 0$$

と変形されます．この式を積分すれば，$f(t)$ を t の任意関数として

$$\frac{\partial\phi}{\partial t} + \frac{1}{2}|\boldsymbol{v}|^2 + \frac{p}{\rho_0} + \chi = f(t) \tag{4.19}$$

[*6] ある点 A とその点を通る直線 l 上の隣接点 B を考え，AB の距離を δs としたとき，関数 f（スカラーでもベクトルでもよい）の l に沿った方向微分を

$$\frac{df}{dl} = \lim_{\delta s \to 0} \frac{f_B - f_A}{\delta s}$$

で定義します．すなわち，方向微分とはある直線に沿った 2 点間の関数値の差を 2 点間の距離で割った量の極限値です．したがって，たとえば直線が x 軸に平行な場合は f の x に関する偏微分になります．点 A の位置を (x, y, z)，l 方向の単位ベクトルを $\boldsymbol{e}_l = (e_x, e_y, e_z)$ とすれば

$$\lim_{\delta s \to 0} \frac{f_B - f_A}{\delta s} = \lim_{\delta s \to 0} \frac{f(x + e_x\delta s, y + e_y\delta s, z + e_z\delta s) - f(x, y, z)}{\delta s}$$

$$= \lim_{\delta s \to 0}\left(e_x\frac{\partial f}{\partial x} + e_y\frac{\partial f}{\partial y} + e_z\frac{\partial f}{\partial z} + O(\delta s)\right) = \boldsymbol{e}_l \cdot \nabla f \tag{4.18}$$

となります．ただし，式の変形にはテイラー展開を用いています．

が得られます．式 (4.19) を**圧力方程式**または**拡張されたベルヌーイの定理**と
いいます．

4.3　ラグランジュ微分

運動方程式はニュートンの第 2 法則，すなわち

$$（質量）\times（加速度）＝力$$

からも導けます．この関係を単位体積の流体について流速 $\boldsymbol{v}$ を用いて式で表示
すると

$$\rho\frac{D\boldsymbol{v}}{Dt} = \boldsymbol{f} \tag{4.20}$$

となります．ここで $\boldsymbol{f}$ は流体の単位体積に働く力で，完全流体の場合には，圧
力差による単位体積に働く力 $-\nabla p$ と単位体積当たりの外力 $\rho\boldsymbol{K}$ の和になり
ます．

加速度項を特別な記号 $D\boldsymbol{v}/Dt$ で表したのは以下の理由からです．そもそも
加速度は固体の場合と同じく流体のある体積をもった塊に着目した量です．す
なわち，加速度は流体の塊がもつ速度が δt 間にどれだけ変化したかを表す量
であるため，

$$\frac{D\boldsymbol{v}}{Dt} = \lim_{\delta t\to 0}\frac{\boldsymbol{v}(x+\delta x, y+\delta y, z+\delta z, t+\delta t) - \boldsymbol{v}(x, y, z, t)}{\delta t} \tag{4.21}$$

となります．ここで，δx，δy，δz は δt 間の流体の塊の移動量です．運動して
いる流体は時間的に位置が変化するため，式 (4.20) の左辺は $\partial\boldsymbol{v}/\partial t$ と書くこ
とはできません．なぜなら，時間に関する偏微分は位置を固定した微分である
ため，偏微分した場合には（δt 間の運動で同じ位置まで移動するような）別の
流体の塊がもつ量との差をとることになるからです．

話を一般化するため，式 (4.21) の $\boldsymbol{v}$ を流体に付随する量 F で置き換えるこ
とにします．ここで F は $\boldsymbol{v}$ のようなベクトル量であることも，密度や温度な
どのスカラー量であることもあります．**多変数のテイラー展開**を用いれば

$$F(x+\delta x, y+\delta y, z+\delta z, t+\delta t)$$
$$= F(x, y, z, t) + \delta x\frac{\partial F}{\partial x} + \delta y\frac{\partial F}{\partial y} + \delta z\frac{\partial F}{\partial z} + \delta t\frac{\partial F}{\partial t} +（高次の項）\tag{4.22}$$

となりますが, δx 等は流速を用いて

$$\delta x = u\delta t, \quad \delta y = v\delta t, \quad \delta z = w\delta t \tag{4.23}$$

となること, およびその場合に式 (4.22) の高次の項は δt について 2 乗以上のベキになること注意すれば, 式 (4.21) で $\boldsymbol{v}$ を F とした式は

$$\frac{DF}{Dt} = \lim_{\delta t \to 0} \left(\frac{\partial F}{\partial t} + u\frac{\partial F}{\partial x} + v\frac{\partial F}{\partial y} + w\frac{\partial F}{\partial z} + O(\delta t) \right)$$

となります. したがって,

$$\frac{DF}{Dt} = \frac{\partial F}{\partial t} + u\frac{\partial F}{\partial x} + v\frac{\partial F}{\partial y} + w\frac{\partial F}{\partial z} \tag{4.24}$$

となります. 特に式 (4.24) の F を流速の x 成分 u とすれば, 式 (4.20) は

$$\frac{\partial u}{\partial t} + u\frac{\partial u}{\partial x} + v\frac{\partial u}{\partial y} + w\frac{\partial u}{\partial z} = -\frac{1}{\rho}\frac{\partial p}{\partial x} + K_x$$

となり, オイラー方程式の x 成分と一致します. 他の流速成分も同様であるため, 式 (4.20) はオイラー方程式に他なりません. 式 (4.24) の微分, すなわち流体に付随した微分をふつうの偏微分 (オイラー微分) と区別して**ラグランジュ微分**または**物質微分**とよんでいます.

式 (4.24) をベクトル表記すれば

$$\frac{DF}{Dt} = \frac{\partial F}{\partial t} + (\boldsymbol{v} \cdot \nabla)F \tag{4.25}$$

となることはただちに確かめられます. 式 (4.25) は座標系によらない形であるため便利です. ただし, 以前に述べたように, 座標系によっては基本ベクトルを微分しても 0 であるとは限らない (デカルト座標では 0) ため, 式 (4.25) をデカルト座標以外で成分表示する場合には注意が必要です.

Example 2 . . . .

$$\frac{D(FG)}{Dt} = \frac{DF}{Dt}G + F\frac{DG}{Dt}, \quad \frac{D}{Dt}\left(\frac{1}{F}\right) = -\frac{1}{F^2}\frac{DF}{Dt}$$

を確かめなさい.

[Answer]

2 次元と 3 次元は同様に証明できるため 2 次元について示します.

$$\frac{D(FG)}{Dt} = \frac{\partial(FG)}{\partial t} + u\frac{\partial(FG)}{\partial x} + v\frac{\partial(FG)}{\partial y}$$

$$= \left(\frac{\partial F}{\partial t} + u\frac{\partial F}{\partial x} + v\frac{\partial F}{\partial y}\right)G + F\left(\frac{\partial G}{\partial t} + u\frac{\partial G}{\partial x} + v\frac{\partial G}{\partial y}\right)$$

$$= \frac{DF}{Dt}G + F\frac{DG}{Dt}$$

$$\frac{D}{Dt}\left(\frac{1}{F}\right) = \frac{\partial}{\partial t}\left(\frac{1}{F}\right) + u\frac{\partial}{\partial x}\left(\frac{1}{F}\right) + v\frac{\partial}{\partial y}\left(\frac{1}{F}\right)$$

$$= -\frac{1}{F^2}\left(\frac{\partial F}{\partial t} + u\frac{\partial F}{\partial x} + v\frac{\partial F}{\partial y}\right) = -\frac{1}{F^2}\frac{DF}{Dt}$$

・・

ラグランジュ微分を用いれば,連続の式は

$$\frac{\partial\rho}{\partial t} + \frac{\partial(\rho u)}{\partial x} + \frac{\partial(\rho v)}{\partial y} + \frac{\partial(\rho w)}{\partial z}$$

$$= \frac{\partial\rho}{\partial t} + u\frac{\partial\rho}{\partial x} + v\frac{\partial\rho}{\partial y} + w\frac{\partial\rho}{\partial z} + \rho\left(\frac{\partial u}{\partial x} + \frac{\partial v}{\partial y} + \frac{\partial w}{\partial z}\right) = 0$$

すなわち

$$\frac{D\rho}{Dt} + \rho\nabla\cdot\boldsymbol{v} = 0 \tag{4.26}$$

と書けます.そして,非圧縮性の条件は $D\rho/Dt = 0$ となります.すなわち,非圧縮性であるとは流体が移動しても流体の塊の密度が変化しないことを意味しています.

4.4　渦に関する定理

式 (4.14) の回転をとると $\nabla\times\boldsymbol{v} = \boldsymbol{\omega}$,$\nabla\times\nabla \equiv 0$ であることを考慮して

$$\frac{\partial\boldsymbol{\omega}}{\partial t} + \nabla\times(\boldsymbol{\omega}\times\boldsymbol{v}) = 0$$

となります.この式を変形すれば

$$\frac{D\boldsymbol{\omega}}{Dt} = (\boldsymbol{\omega}\cdot\nabla)\boldsymbol{v} - \boldsymbol{\omega}(\nabla\cdot\boldsymbol{v}) \tag{4.27}$$

となり，さらに連続の式を用いて

$$\frac{D}{Dt}\left(\frac{\boldsymbol{\omega}}{\rho}\right) = \left(\frac{\boldsymbol{\omega}}{\rho}\cdot\nabla\right)\boldsymbol{v} \tag{4.28}$$

と書けます．式 (4.28) は $t = 0$ で $\boldsymbol{\omega} = 0$ であれば以後ずっと $\boldsymbol{\omega} = 0$ であり，逆に $\boldsymbol{\omega} \neq 0$ ならばずっと $\boldsymbol{\omega} \neq 0$ であることを意味しています．すなわち，

保存力のもとでの非粘性の運動では渦度は発生も消滅することもない

ことがわかります．この渦の不生不滅を表す定理を**ラグランジュの渦定理**といいます．

渦度はベクトル量であるため，速度のように矢印を用いて表せます．そこでひとつの渦度を表す矢印の先端からさらにその場所における渦度の矢印を書くということを続けていけばひとつの折れ線が得られます．矢印を十分に小さくとれば，この折れ線は曲線になります．このようにして得られた曲線を**渦線**といいます[*7]．あるいは，渦線 C とは，C 上の各点における接線ベクトルがその点における渦度ベクトルと平行になっている曲線であるともいえます．

流れの領域にひとつの閉曲線を考え，この閉曲線上の各点から出発する渦線を描けば，図 4.3 に示すようにひとつの管になります．この管を（流線の場合の流管のように）**渦管**といいます．渦管の表面に小さな閉曲線をとると，この閉曲線が囲む微小面積 dS に垂直なベクトル $\boldsymbol{n}dS$ （面ベクトル）は渦度ベクトルと直交しているため，

$$\boldsymbol{\omega}\cdot\boldsymbol{n}dS = 0 \quad （渦管上の面について） \tag{4.29}$$

が成り立ちます．

渦管上に図 4.4 に示すような閉曲線 C をとると，この閉曲線を取り囲む循環 $\Gamma(C)$ は

$$\Gamma(C) = \oint_C v_s ds = \int_S \boldsymbol{\omega}\cdot\boldsymbol{n}dS = 0$$

[*7] 流線は速度ベクトルを連ねたものであることを思い出すと，渦線は渦度ベクトルを連ねたものになります．

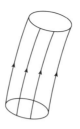

図 4.2　渦管

となります．ただし，**ストークスの定理**[*8]および式 (4.29) を用いています．

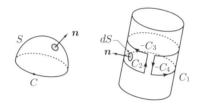

図 4.3　ストークスの定理と渦管上の積分路

ここで C に沿った線積分を

$$\oint = \int_{C_1} + \int_{C_2} + \int_{-C_3} + \int_{-C_4} = 0$$

のように分解すれば，第 2 項と第 4 項は積分路は逆であるため打ち消し合います．また，第 3 項については積分路の向きを逆にとれば

$$\oint_{C_1} v_s ds = -\oint_{-C_3} v_s ds = \oint_{C_3} v_s ds$$

となります．このことから

[*8] ベクトル場 A が定義されている領域内で，曲面 S の境界が閉曲線 C であるとき

$$\int_C \boldsymbol{A} \cdot d\boldsymbol{r} = \int_S (\nabla \times \boldsymbol{A}) \cdot \boldsymbol{n} dS$$

が成り立ち，ストークスの定理とよばれています．ただし，S の単位法線ベクトル $\boldsymbol{n}$ および C の向きは図 4.3（左）のようにとります．

> 非粘性流体では，ある渦管について，これを取り囲む任意の閉曲線に対して，循環は一定である

ことがわかります．この事実を**ヘルムホルツの定理**といいます．

次に，流体内の閉曲線 C に沿う循環が，流れとともにどのように変化するかを調べてみます．そのために，$D\Gamma/Dt$ の値を調べてみます．

$$\frac{D\Gamma}{Dt} = \frac{D}{Dt} \oint_C \boldsymbol{v} \cdot d\boldsymbol{r} = \oint_C \frac{D}{Dt}(\boldsymbol{v} \cdot d\boldsymbol{r})$$
$$= \oint_C \frac{D\boldsymbol{v}}{dt} \cdot d\boldsymbol{r} + \oint_C \boldsymbol{v} \cdot \frac{D(d\boldsymbol{r})}{Dt} \tag{4.30}$$

が成り立ちますが，最右辺の第 2 項は

$$\boldsymbol{v} \cdot \frac{D(d\boldsymbol{r})}{Dt} = \boldsymbol{v} \cdot d\left(\frac{D\boldsymbol{r}}{Dt}\right) = \boldsymbol{v} \cdot d\boldsymbol{v} = d\left(\frac{|\boldsymbol{v}|^2}{2}\right) \tag{4.31}$$

となります．

ここで，非粘性の流れで，外力がポテンシャル力の場合には，オイラー方程式は

$$\frac{D\boldsymbol{v}}{Dt} = -\nabla\left(\frac{p}{\rho} + \chi\right) \tag{4.32}$$

と書けるため，式 (4.31), (4.32) を式 (4.30) に代入すれば

$$\frac{D\Gamma}{Dt} = -\int_C \nabla\left(\frac{p}{\rho} + \chi\right) \cdot d\boldsymbol{r} + \int_C d\left(\frac{|\boldsymbol{v}|^2}{2}\right) = \left[\frac{|\boldsymbol{v}|^2}{2} - \left(\frac{p}{\rho} + \chi\right)\right]_C$$

となります．$\boldsymbol{v}$, p/ρ, χ は 1 価関数であるため，この値は 0 であり，

> 非圧縮性・非粘性流体が保存力のもとで運動するとき，流体とともに動く閉曲線に沿う循環は保存される

ことがわかります．この事実を**ケルヴィンの循環定理**といいます．

Chapter 5

粘性流体の運動

　流体の粘性を考慮に入れなくても多くの流体現象が説明できますが，粘性の効果が流れに大きな影響を及ぼす場合もあります．特にずんぐりした物体まわりの流れを正しく見積もるためには（たとえ数値としてはいかに小さくても）粘性率が入った方程式を用いて議論する必要があります．

5.1　応力と変形速度

　流体の内部の領域には力が働いています．このうち，面を通して両側の流体から働く単位面積あたりの力を**応力**とよびます（粘性のない流体では圧力に相当しますが，粘性がある場合には摩擦力も働きます）．一方，体積部分に働く力もあります．重力がその代表的なものですが，流体の運動に伴う**慣性力**も体積部分に働く力であり，質量に比例します．応力は流体内の面を指定してはじめて決まる力であり，同じ点に働く力であってもその点をとおる面が別であれば応力も異なった値をもちます．

　流体内に微小領域を考えて，領域の表面に働く応力を $\boldsymbol{p}$ とすれば，

$$\int_S \boldsymbol{p}dS = 0 \tag{5.1}$$

が成り立ちます．実際にはこの微小部分に体積力 $\boldsymbol{K}$ や慣性力 $\rho D\boldsymbol{v}/dt$ も働きますが，領域を小さくしたときこれらの力は長さの3乗に比例するため，長さの2乗に比例する面積力に比べて高次の無限小になります．いいかえれば，流体が運動している場合であっても，非常に小さな領域を考えると面積力の和は0です．

　いま，図 5.1(a) に示すように微小な領域として流体内に座標軸方向の辺をもつ三角錐を考えてみます．各面には流体からの力が働きますが，面 OBC，OAC，OAB，ABC に働く単位面積あたりの外向きの力を $\boldsymbol{p}_{-x}$，$\boldsymbol{p}_{-y}$，$\boldsymbol{p}_{-z}$，

$\boldsymbol{p}_n$ とすれば，式 (5.1) は

$$\boldsymbol{p}_n \delta S + \boldsymbol{p}_{-x} \delta S_x + \boldsymbol{p}_{-y} \delta S_y + \boldsymbol{p}_{-z} \delta S_z = 0 \qquad (5.2)$$

となります．ただし，面 OBC，OAC，OAB，ABC の面積を δS_x, δS_y, δS_z，δS としています．x の正の方向に働く応力を $\boldsymbol{p}_x$ とすれば，作用反作用の法則から $\boldsymbol{p}_{-x} = -\boldsymbol{p}_x$ が成り立ちます．同様に，$\boldsymbol{p}_{-y} = -\boldsymbol{p}_y$，$\boldsymbol{p}_{-z} = -\boldsymbol{p}_z$ が成り立つため，式 (5.2) は

$$\boldsymbol{p}_n = \boldsymbol{p}_x n_x + \boldsymbol{p}_y n_y + \boldsymbol{p}_z n_z \qquad (5.3)$$

となります．ただし，

$$n_x = \delta S_x/\delta S, \ \ n_y = \delta S_y/\delta S, \ \ n_z = \delta S_z/\delta S$$

とおいていますが，これは面 ABC の単位法線ベクトルを $\boldsymbol{n}$ としたときの各座標軸成分になっています．

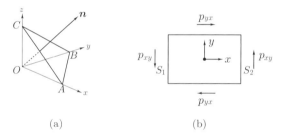

(a) (b)

図 5.1 応力の釣り合い

$\boldsymbol{p}_x$, $\boldsymbol{p}_y$, $\boldsymbol{p}_z$, $\boldsymbol{p}_n$ はベクトルであり，その成分をそれぞれ (p_{xx}, p_{xy}, p_{xz})，(p_{yx}, p_{yy}, p_{yz})，(p_{zx}, p_{zy}, p_{zz})，(p_{nx}, p_{ny}, p_{nz}) と記せば，式 (5.3) は

$$\boldsymbol{p}_n = \left[\begin{array}{c} p_{nx} \\ p_{ny} \\ p_{nz} \end{array} \right] = \left[\begin{array}{ccc} p_{xx} & p_{yx} & p_{zx} \\ p_{xy} & p_{yy} & p_{zy} \\ p_{zx} & p_{zy} & p_{zz} \end{array} \right] \left[\begin{array}{c} n_x \\ n_y \\ n_z \end{array} \right] = P\boldsymbol{n} \qquad (5.4)$$

と書けます．したがって，任意の面に働く応力は，行列 P およびその面の法線ベクトル $\boldsymbol{n}$ を指定すれば式 (5.4) から計算できます．

　応力 $\boldsymbol{p}_n$ は力であるため大きさと 1 つの方向をもつベクトル量ですが，前述のとおり応力を指定するにはそれが働く面まで指定する必要があり，その意

味からは大きさと 2 つの方向をもつ量になります．このようなとき，応力は式 (5.4) の行列 P で表されています．この行列 P を**応力テンソル**とよんでいます．

Example 3 ....

応力テンソルは対称であることを示しなさい．

[Answer]

図 5.1(b) に示す微小長方体（奥行きを 1 とします）に対して，z 軸まわりのモーメントの釣り合いを考えると，

$$2(p_{yx}\delta x\delta z)(\delta y/2) = 2(p_{xy}\delta y\delta z)(\delta x/2)$$

となるため，$p_{xy} = p_{yx}$ が得られます．同様に x 軸まわり，y 軸まわりのモーメントの釣り合いから $p_{yz} = p_{zy}$，$p_{xz} = p_{zx}$ となります．
....

圧力は応力の一部であり，面に垂直に，面を押す方向に働くため，行列の形では

$$\begin{bmatrix} -p & 0 & 0 \\ 0 & -p & 0 \\ 0 & 0 & -p \end{bmatrix}$$

と表せます．そこで，応力テンソル P を圧力部分とそれ以外の部分に分けて

$$\begin{bmatrix} p_{xx} & p_{yx} & p_{zx} \\ p_{xy} & p_{yy} & p_{yz} \\ p_{zx} & p_{zy} & p_{zz} \end{bmatrix} = \begin{bmatrix} -p & 0 & 0 \\ 0 & -p & 0 \\ 0 & 0 & -p \end{bmatrix} + \begin{bmatrix} \tau_{xx} & \tau_{yx} & \tau_{zx} \\ \tau_{xy} & \tau_{yy} & \tau_{yz} \\ \tau_{zx} & \tau_{zy} & \tau_{zz} \end{bmatrix} \tag{5.5}$$

と書くと，式 (5.5) の右辺第 2 項は粘性によって流体がひきずられることによって生じる応力であると解釈できます．この応力は**粘性応力**とよばれます．

粘性応力は流体の変形に抗する力であり，流体の変形の速さを表す**変形速度**[*1]と関係があると予想できます．そこで，まず**変形速度テンソル**について考えてみます．

[*1] **ひずみ速度**ともよばれ，すぐ後を見ればわかるようにテンソル量です．

いま，図 5.2 に示すように流体中の 2 点 A，B がある瞬間に r と $r + \delta r$ にあり，それらの点が速度 v と $v + \delta v$ で動き，δt 後に 2 点 A′，B′ に移ったとします．このとき，A′ と B′ は $\delta r + \delta v \delta t$ だけ離れています．流体の変形はこのときの変化 $\delta v \delta t$ を δr の各成分で割って正規化したものと関係すると考えられます．δr と δv の間には

$$
\delta \boldsymbol{v} = \left[\begin{array}{c} \delta u \\ \delta v \\ \delta w \end{array} \right] = \left[\begin{array}{ccc} \partial u/\partial x & \partial u/\partial y & \partial u/\partial z \\ \partial v/\partial x & \partial v/\partial y & \partial v/\partial z \\ \partial w/\partial x & \partial w/\partial y & \partial w/\partial z \end{array} \right] \left[\begin{array}{c} \delta x \\ \delta y \\ \delta z \end{array} \right] = D \delta \boldsymbol{r} \quad (5.6)
$$

という関係があり，

$$
D = \frac{1}{2}(D + D^T) + \frac{1}{2}(D - D^T) \quad (5.7)
$$

と書けば，右辺第 1 項は対称行列，第 2 項は反対称行列（$A^T = -A$）になります．これらをそれぞれ E（成分を e_{xx} 等と記します）と Ω と記せば

$$
\begin{aligned}
E &= \left[\begin{array}{ccc} e_{xx} & e_{xy} & e_{xz} \\ e_{yx} & e_{yy} & e_{yz} \\ e_{zx} & e_{zy} & e_{zz} \end{array} \right] \\
&= \left[\begin{array}{ccc} \frac{\partial u}{\partial x} & \frac{1}{2}\left(\frac{\partial u}{\partial y} + \frac{\partial v}{\partial x} \right) & \frac{1}{2}\left(\frac{\partial u}{\partial z} + \frac{\partial w}{\partial x} \right) \\ \frac{1}{2}\left(\frac{\partial v}{\partial x} + \frac{\partial u}{\partial y} \right) & \frac{\partial v}{\partial y} & \frac{1}{2}\left(\frac{\partial v}{\partial z} + \frac{\partial w}{\partial y} \right) \\ \frac{1}{2}\left(\frac{\partial w}{\partial x} + \frac{\partial u}{\partial z} \right) & \frac{1}{2}\left(\frac{\partial w}{\partial y} + \frac{\partial v}{\partial z} \right) & \frac{\partial w}{\partial z} \end{array} \right] \quad (5.8) \\
\Omega &= \left[\begin{array}{ccc} 0 & \frac{1}{2}\left(\frac{\partial u}{\partial y} - \frac{\partial v}{\partial x} \right) & \frac{1}{2}\left(\frac{\partial u}{\partial z} - \frac{\partial w}{\partial x} \right) \\ \frac{1}{2}\left(\frac{\partial v}{\partial x} - \frac{\partial u}{\partial y} \right) & 0 & \frac{1}{2}\left(\frac{\partial v}{\partial z} - \frac{\partial w}{\partial y} \right) \\ \frac{1}{2}\left(\frac{\partial w}{\partial x} - \frac{\partial u}{\partial z} \right) & \frac{1}{2}\left(\frac{\partial w}{\partial y} - \frac{\partial v}{\partial z} \right) & 0 \end{array} \right] \\
&= \left[\begin{array}{ccc} 0 & -\zeta & \eta \\ \zeta & 0 & -\xi \\ -\eta & \xi & 0 \end{array} \right] \quad (5.9)
\end{aligned}
$$

です．

式 (5.9) で定義した (ξ, η, ζ) 成分とするベクトルは

$$
(\xi, \eta, \zeta) = \frac{1}{2} \nabla \times \boldsymbol{v} \quad (5.10)
$$

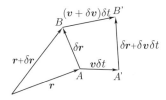

図 5.2　流体の微小部分の変形

のように表すことができます. Ω の意味を見るため, ζ だけが 0 でない場合について, $\delta\boldsymbol{v} = \Omega\delta\boldsymbol{r}$ を計算すれば

$$\delta u = -\zeta\delta y, \quad \delta v = \zeta\delta x, \quad \delta w = 0$$

となるため, これは図 5.3 に示すように z 軸まわりの**剛体回転**を表します. 同様に ξ, η は x 軸および y 軸まわりの剛体回転を表します. したがって, Ω は流体の変形には無関係です.

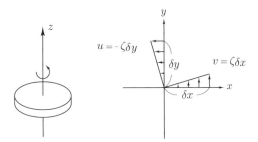

図 5.3　z 軸まわりの剛体回転

　次に AB 間の距離を δl とすれば

$$(\delta l)^2 = \delta\boldsymbol{r} \cdot \delta\boldsymbol{r}$$

であるため

$$\frac{D(\delta l)^2}{Dt} = 2\delta x_i \frac{D(\delta x_i)}{Dt} = 2\delta x_i \delta u_i = 2\delta x_i \delta x_j \frac{\partial u_i}{\partial x_j} = \delta x_i \delta x_j \left(\frac{\partial u_i}{\partial x_j} + \frac{\partial u_j}{\partial x_i}\right)$$

$$(5.11)$$

となります*2. したがって，速度勾配の対称的な組み合わせである E が単位時間あたりの変形と関係することがわかります.

ニュートン流体とは粘性応力と変形速度テンソルが線形関係にある流体として定義されますが，空気や水など多くの流体がニュートン流体であることがわかっています. ニュートン流体は定義から

$$\tau_{ij} = \Lambda_{ijkl} e_{kl} \tag{5.12}$$

と表せます. 流体の物理的な性質は座標軸の向きや右手系，左手系などにはよりません. したがって，Λ_{ijkl} は**等方性のテンソル**になり，そのもっとも一般的な形は

$$\Lambda_{ijkl} = \lambda \delta_{ij}\delta_{kl} + \xi \delta_{ik}\delta_{jl} + \chi \delta_{il}\delta_{jk} \tag{5.13}$$

と書けることが知られています（δ_{ij} はクロネッカーのデルタで $i = j$ のとき 1 それ以外は 0）. ここで λ は**第 2 粘性率**とよばれる物質定数（流体の膨張や収縮に逆らうような粘性率）ですが，測定が非常に難しいため，ふつう $\lambda = -2\mu/3$ とおきます（**ストークスの仮定**）. 式 (5.13) を式 (5.12) に代入すれば

$$\tau_{ij} = \lambda \delta_{ij} e_{kk} + (\xi + \chi) e_{ij} \tag{5.14}$$

となります*3.

特に τ_{12} 以外は 0 である場合を考えると

$$\tau_{12} = \mu \frac{\partial u}{\partial y} = 2\mu e_{12}$$

であるため

$$\xi + \chi = 2\mu \tag{5.15}$$

となります. したがって，

$$\tau_{ij} = \mu \left(\frac{\partial u_i}{\partial x_j} + \frac{\partial u_j}{\partial x_i} \right) + \lambda \delta_{ij} \nabla \cdot \boldsymbol{v} \tag{5.16}$$

が得られます. ただし，$e_{kk} = \nabla \cdot \boldsymbol{v}$ を用いました. なお，非圧縮性の場合は $\nabla \cdot \boldsymbol{v} = 0$ なので式 (5.16) の最後の項，したがって λ の値も不必要です.

---

*2 $x_1 = x$, $x_2 = y$, $x_3 = z$, $u_1 = u$, $u_2 = v$, $u_3 = w$ であり，同じ添字が現れるときには 1 〜 3 の総和をとると約束します（**アインシュタインの規約**）.

*3 添え字 1 は x 成分，2 は y 成分，3 は z 成分に対応します.

5.2　ナビエ・ストークス方程式

　本節では粘性流体の基礎方程式を導きます．これは 3.1 節で非粘性の運動方程式を導いたのとほぼ同様の手続きであり，違いは，3.1 節では面積力として圧力だけを考えましたが，粘性流体の場合には粘性応力を加える必要があるという点だけです．

　x 方向の運動方程式を導くため，図 5.4 のような微小領域をとり，この領域に働く x 方向の面積力を考えます．この場合，応力は面に垂直であるとは限らないため，すべての面に働く応力の x 成分を考える必要があります．

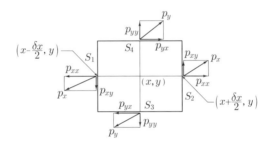

図 5.4　各面に働く応力

　まず，x 方向に垂直な面に働く応力は，面 S_1 と S_2 においてそれぞれ

$$\boldsymbol{p}_x(x - \delta x/2, y, z), \quad \boldsymbol{p}_x(x + \delta x/2, y, z)$$

であるため（時間変数は省略），体積が $\delta x \delta y \delta z$ の微小直方体に働く x 方向の正味の力は，

$$p_{xx}(x + \delta x/2, y, z)\delta y \delta z - p_{xx}(x - \delta x/2, y, z)\delta y \delta z \sim \frac{\partial p_{xx}}{\partial x}\delta x \delta y \delta z \quad (5.17)$$

となります．ただし，テイラー展開を用い，$(\delta x)^2 \delta y \delta z$ 以上の高次の項は小さいとして省略しています．次に，y 方向に垂直な面に働く応力は，面 S_3 と S_4 において

$$\boldsymbol{p}_y(x, y - \delta y/2, z), \quad \boldsymbol{p}_y(x + \delta x/2, y, z)$$

であるため，微小部分に働く x 方向の正味の力は

$$p_{yx}(x, y + \delta y/2, z)\delta y \delta z - p_{yx}(x, y - \delta y/2, z)\delta y \delta z \sim \frac{\partial p_{yx}}{\partial y}\delta x \delta y \delta z \quad (5.18)$$

となります．同様に z 方向に垂直な応力による x 方向の正味の力は

$$p_{zx}(x, y, z + \delta z/2)\delta x \delta y - p_{zy}(x, y, z - \delta z/2)\delta x \delta y \sim \frac{\partial p_{zx}}{\partial z}\delta x \delta y \delta z \quad (5.19)$$

です．したがって，単位体積あたりの面積力は式 (5.5) を参照して

$$
\begin{aligned}
\frac{\partial p_{xx}}{\partial x} + \frac{\partial p_{yx}}{\partial y} + \frac{\partial p_{zx}}{\partial z} &= -\frac{\partial p}{\partial x} + \frac{\partial \tau_{xx}}{\partial x} + \frac{\partial \tau_{yx}}{\partial y} + \frac{\partial \tau_{zx}}{\partial z} \\
&= -\frac{\partial p}{\partial x} + \mu\left(\frac{\partial^2 u}{\partial x^2} + \frac{\partial^2 u}{\partial y^2} + \frac{\partial^2 u}{\partial z^2}\right)
\end{aligned}
\quad (5.20)
$$

となります．ただし，式の変形において，応力とひずみ速度の関係 (5.16) を用い，非圧縮性を仮定し，また粘性率を一定として

$$
\begin{aligned}
\frac{\partial \tau_{xx}}{\partial x} + \frac{\partial \tau_{yx}}{\partial y} + \frac{\partial \tau_{zx}}{\partial z} =& \mu\frac{\partial}{\partial x}\left(\frac{\partial u}{\partial x} + \frac{\partial u}{\partial x}\right) \\
&+ \mu\frac{\partial}{\partial y}\left(\frac{\partial v}{\partial x} + \frac{\partial u}{\partial y}\right) + \mu\frac{\partial}{\partial z}\left(\frac{\partial w}{\partial x} + \frac{\partial u}{\partial z}\right) \\
=& \mu\frac{\partial}{\partial x}\left(\frac{\partial u}{\partial x} + \frac{\partial v}{\partial y} + \frac{\partial w}{\partial z}\right) + \mu\left(\frac{\partial^2 u}{\partial x^2} + \frac{\partial^2 u}{\partial y^2} + \frac{\partial^2 u}{\partial z^2}\right)
\end{aligned}
$$

とした上で，最右辺の第 1 項は連続の式から 0 になることを使っています．式 (5.20) を式 (4.7) の $-\partial p/\partial x$ の代わりに用いれば，粘性流体の x 方向の運動方程式として

$$\frac{\partial u}{\partial t} + u\frac{\partial u}{\partial x} + v\frac{\partial u}{\partial y} + w\frac{\partial u}{\partial z} = -\frac{1}{\rho}\frac{\partial p}{\partial x} + \frac{\mu}{\rho}\left(\frac{\partial^2 u}{\partial x^2} + \frac{\partial^2 u}{\partial y^2} + \frac{\partial^2 u}{\partial z^2}\right) + F_x \quad (5.21)$$

が得られます．y 方向および z 方向の運動方程式も全く同様に考えれば

$$\frac{\partial v}{\partial t} + u\frac{\partial v}{\partial x} + v\frac{\partial v}{\partial y} + w\frac{\partial v}{\partial z} = -\frac{1}{\rho}\frac{\partial p}{\partial y} + \frac{\mu}{\rho}\left(\frac{\partial^2 v}{\partial x^2} + \frac{\partial^2 v}{\partial y^2} + \frac{\partial^2 v}{\partial z^2}\right) + F_y \quad (5.22)$$

$$\frac{\partial w}{\partial t} + u\frac{\partial w}{\partial x} + v\frac{\partial w}{\partial y} + w\frac{\partial w}{\partial z} = -\frac{1}{\rho}\frac{\partial p}{\partial z} + \frac{\mu}{\rho}\left(\frac{\partial^2 w}{\partial x^2} + \frac{\partial^2 w}{\partial y^2} + \frac{\partial^2 w}{\partial z^2}\right) + F_z \quad (5.23)$$

となります．この粘性流体の運動を記述する方程式を**ナビエ・ストークス方程式**といいます．

式 (5.21), (5.22), (5.23) はベクトル形にまとめられて

$$\frac{\partial \boldsymbol{v}}{\partial t} + (\boldsymbol{v} \cdot \nabla)\boldsymbol{v} = -\frac{1}{\rho}\nabla v + \frac{\mu}{\rho}\nabla^2 \boldsymbol{v} + \boldsymbol{F} \tag{5.24}$$

と書けます．ただし，ベクトル $\boldsymbol{v}$ のラプラシアンは，公式

$$\nabla^2 \boldsymbol{v} = \nabla(\nabla \cdot \boldsymbol{v}) - \nabla \times \nabla \times \boldsymbol{v} \tag{5.25}$$

から計算します．

なお，円柱座標では運動方程式 (5.24) は

$$\frac{\partial v_r}{\partial t} + (\boldsymbol{v} \cdot \nabla)v_r - \frac{v_\theta^2}{r} = -\frac{1}{\rho}\frac{\partial p}{\partial r} + \frac{\mu}{\rho}\left(\nabla^2 v_r - \frac{v_r}{r^2} - \frac{2}{r^2}\frac{\partial v_\theta}{\partial \theta}\right) + F_r$$

$$\frac{\partial v_\theta}{\partial t} + (\boldsymbol{v} \cdot \nabla)v_\theta + \frac{v_r v_\theta}{r} = -\frac{1}{\rho r}\frac{\partial p}{\partial r} + \frac{\mu}{\rho}\left(\nabla^2 v_\theta - \frac{v_\theta}{r^2} + \frac{2}{r^2}\frac{\partial v_r}{\partial \theta}\right) + F_\theta$$

$$\tag{5.26}$$

$$\frac{\partial v_z}{\partial t} + (\boldsymbol{v} \cdot \nabla)v_z = -\frac{1}{\rho}\frac{\partial p}{\partial z} + \frac{\mu}{\rho}\nabla^2 v_z + F_z$$

ただし，

$$\boldsymbol{v} \cdot \nabla = v_r \frac{\partial}{\partial r} + \frac{v_\theta}{r}\frac{\partial}{\partial \theta} + v_z \frac{\partial}{\partial r}$$

$$\nabla^2 = \frac{\partial^2}{\partial r^2} + \frac{1}{r}\frac{\partial}{\partial r} + \frac{1}{r^2}\frac{\partial^2}{\partial \theta^2} + \frac{\partial^2}{\partial z^2}$$

となります. また応力成分は

$$\tau_{zz} = 2\mu \frac{\partial v_z}{\partial z}$$

$$\tau_{rr} = 2\mu \frac{\partial v_r}{\partial r}$$

$$\tau_{\varphi\varphi} = 2\mu \left(\frac{1}{r} \frac{\partial v_\varphi}{\partial \varphi} + \frac{v_r}{r} \right) \tag{5.27}$$

$$\tau_{r\varphi} = \mu \left[r \frac{\partial}{\partial r} \left(\frac{v_\varphi}{r} \right) + \frac{1}{r} + \frac{\partial v_r}{\partial \varphi} \right]$$

$$\tau_{\varphi z} = \mu \left(\frac{1}{r} \frac{\partial v_z}{\partial \varphi} + \frac{\partial v_\varphi}{\partial z} \right)$$

$$\tau_{rz} = \mu \left(\frac{\partial v_r}{\partial z} + \frac{\partial v_z}{\partial r} \right)$$

です.

さらに球座標では

$$\frac{\partial v_r}{\partial t} + (\boldsymbol{v} \cdot \nabla)v_r - \frac{v_\theta^2 + v_\varphi^2}{r} = -\frac{1}{\rho} \frac{\partial p}{\partial r}$$
$$+ \frac{\mu}{\rho} \left(\nabla^2 v_r - \frac{2v_r}{r^2} - \frac{2}{r^2} \frac{\partial v_\theta}{\partial \theta} - \frac{2v_\theta \cot\theta}{r^2} - \frac{2}{r^2 \sin\theta} \frac{\partial v_\varphi}{\partial \varphi} \right) + F_r$$

$$\frac{\partial v_\theta}{\partial t} + (\boldsymbol{v} \cdot \nabla)v_r + \frac{v_r v_\theta}{r} - \frac{v_\varphi^2 \cot\theta}{r} = -\frac{1}{\rho r} \frac{\partial p}{\partial \theta}$$
$$+ \frac{\mu}{\rho} \left(\nabla^2 v_\theta + \frac{2}{r^2} \frac{\partial v_r}{\partial \theta} - \frac{v_\theta}{r^2 \sin\theta} - \frac{2\cos\theta}{r^2 \sin^2\theta} \frac{\partial v_\varphi}{\partial \varphi} \right) + F_\theta$$

$$\frac{\partial v_\varphi}{\partial t} + (\boldsymbol{v} \cdot \nabla)v_r + \frac{v_r v_\varphi}{r} + \frac{v_\theta v_\varphi \cot\theta}{r} = -\frac{1}{\rho r \sin\theta} \frac{\partial p}{\partial \varphi} \tag{5.28}$$
$$+ \frac{\mu}{\rho} \left(\nabla^2 v_\varphi - \frac{v_\varphi}{r^2 \sin^2\theta} + \frac{2}{r^2 \sin\theta} \frac{\partial v_r}{\partial \varphi} + \frac{2\cos\theta}{r^2 \sin^2\theta} \frac{\partial v_\theta}{\partial \varphi} \right) + F_\varphi$$

ただし,

$$\boldsymbol{v} \cdot \nabla = v_r \frac{\partial}{\partial r} + \frac{v_\theta}{r} \frac{\partial}{\partial \theta} + \frac{v_\varphi}{r \sin\theta} \frac{\partial}{\partial \varphi}$$

$$\nabla^2 = \frac{1}{r^2} \frac{\partial}{\partial r} \left(r^2 \frac{\partial}{\partial r} \right) + \frac{1}{r^2 \sin\theta} \frac{\partial}{\partial \theta} \left(\sin\theta \frac{\partial}{\partial \theta} \right) + \frac{1}{r^2 \sin^2\theta} \frac{\partial^2}{\partial \varphi^2}$$

となります. また応力成分は

$$\tau_{rr} = 2\mu \frac{\partial v_r}{\partial r}$$

$$\tau_{\theta\theta} = 2\mu \left(\frac{1}{r} \frac{\partial v_\theta}{\partial \theta} + \frac{v_r}{r} \right) \tag{5.29}$$

$$\tau_{\varphi\varphi} = 2\mu \left(\frac{1}{r \sin \theta} \frac{\partial v_\varphi}{\partial \varphi} + \frac{v_r}{r} + \frac{v_\theta \cot \theta}{r} \right)$$

$$\tau_{\theta\varphi} = 2\mu \left[\frac{\sin \theta}{r} \frac{\partial}{\partial \theta} \left(\frac{v_\varphi}{\sin \theta} \right) + \frac{1}{r \sin \theta} \frac{\partial v_\theta}{\partial \varphi} \right]$$

$$\tau_{\varphi r} = 2\mu \left[\frac{1}{r \sin \theta} \frac{\partial v_r}{\partial \varphi} + r \frac{\partial}{\partial r} \left(\frac{v_\varphi}{r} \right) \right]$$

$$\tau_{r\theta} = 2\mu \left[r \frac{\partial}{\partial r} \left(\frac{v_\theta}{r} \right) + \frac{1}{r} \frac{\partial v_r}{\partial \theta} \right]$$

です.

5.3 ナビエ・ストークス方程式の厳密解の例

本節では, ナビエ・ストークス方程式の代表的な厳密解を 2, 3 紹介します.

(1) 平行流

図 5.5 に示す 2 つの平行な壁にはさまれた領域内での流れなど, 流れが 1 方向に流れている場合を考えます. このような流れを**平行流**とよびます. 流れの方向を x 方向, 流れに垂直な方向を y 方向, x と y に垂直な方向のひとつを z 方向にとれば,

$$v = 0, \quad w = 0 \tag{5.30}$$

ですが, 連続の式を考慮すれば

$$\frac{\partial u}{\partial x} = 0 \tag{5.31}$$

となります. さらにナビエ・ストークス方程式の y, z 成分は

$$\frac{\partial p}{\partial y} = 0, \quad \frac{\partial p}{\partial z} = 0 \tag{5.32}$$

となるため，p は x のみの関数であることがわかります．式 (5.30)，(5.31) よりナビエ・ストークス方程式の x 成分は

$$\frac{\partial u}{\partial t} = -\frac{1}{\rho}\frac{dp}{dx} + \frac{\mu}{\rho}\left(\frac{\partial^2 u}{\partial y^2} + \frac{\partial^2 u}{\partial z^2}\right) \tag{5.33}$$

となります．ただし，p は式 (5.32) から x だけの関数であるため，その微分は常微分で表しています．

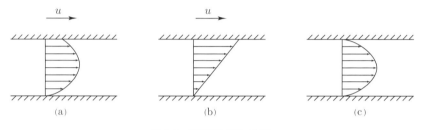

(a)　(b)　(c)

図 5.5　平行平板間の流れ

このように平行流であれば非線形項が自動的に消えるため方程式はずっと簡略化されます．なお，式 (5.33) を解く場合，圧力勾配 dp/dx は既知とみなし，与えられた圧力勾配のもとで起きる流れを議論します．

式 (5.33) において u が z 方向に変化せず，また時間的にも変化しないと仮定します．このとき，式 (5.33) は

$$\frac{d^2 u}{dy^2} = -\frac{1}{\mu}\frac{dp}{dx} \tag{5.34}$$

となります．式 (5.34) は容易に積分できて

$$u(y) = -\frac{1}{2\mu}\frac{dp}{dx}y^2 + Ay + B \tag{5.35}$$

という一般解をもつことがわかります．ただし，A と B は任意定数です．

式 (5.35) の任意定数を決めるためには境界条件を課す必要がありますが，ここでは図 5.5 において下の壁は静止，上の壁は一定速度 U で動いているとします．

粘性流体では，流速は境界の速度と一致するという性質（**粘着条件**）があります．そこで，下の壁を $y = 0$，上の壁を $y = d$ とすれば，境界条件として

$$u(0) = 0, \quad u(d) = U \tag{5.36}$$

が課されます．式 (5.36) を用いて任意定数を決め，それを式 (5.35) に代入すれば，境界条件を満足する解として

$$u(y) = \frac{1}{2\mu}\frac{dp}{dx}(y^2 - dy) + \frac{Uy}{d} \tag{5.37}$$

が得られます．

特に圧力勾配がない場合 $(dp/dx = 0)$ は，式 (5.37) は

$$u(y) = \frac{Uy}{d} \tag{5.38}$$

となり，0 から U まで直線的に変化する速度分布をもつ流れになりますが，この流れを**平面クエット流**とよんでいます（図 5.5(b)）．

次に $U = 0$，すなわち上下の壁が静止しているときは，式 (5.37) は

$$u(y) = \frac{1}{2\mu}\left(-\frac{dp}{dx}\right)y(d - y) \tag{5.39}$$

となります．これを**平面ポアズイユ流**（図 5.5(c)）といいます．

図 5.5 において流れが左から右に流れるためには図の左の圧力が右の圧力より高い必要があり，圧力勾配 dp/dx は負の値をとります．この速度分布から，壁に垂直な面を単位時間に通過する流量 Q を求めることができます．すなわち，

$$Q = \int_0^d u\,dy = \frac{1}{12\mu}\left(-\frac{dp}{dx}\right)d^3 \tag{5.40}$$

となります．このように，平面ポアズイユ流では流量は流路幅の 3 乗と圧力勾配に比例し，粘性率に反比例します．

(2) ハーゲン・ポアズイユ流

次に円管の中の定常流れをとりあげます．この場合，幾何形状から図 5.6 に示すような円柱座標を用いるのが便利です．流速は軸方向（z 方向）成分をもち，それは半径方向（r 方向）にだけ変化すると考えられます．すなわち，円柱座標で表した基礎方程式において，$v = (0, 0, v_z(r))$ となり，また $\partial/\partial z = \partial/\partial\theta = 0$ となるため，連続の式は満足されます．また，ナビエ・ストークス方程式の r, θ 方向成分は

$$\frac{\partial p}{\partial r} = 0, \quad \frac{\partial p}{\partial\theta} = 0 \tag{5.41}$$

となるため，圧力は z のみの関数です．このことを用いるとナビエ・ストークス方程式の z 成分は定常な場合

$$0 = -\frac{1}{\rho}\frac{dp}{dz} + \frac{\mu}{\rho}\left(\frac{d^2 u}{dr^2} + \frac{1}{r}\frac{du}{dr}\right) \tag{5.42}$$

となります．この式を積分すると，A と B を任意定数として

$$u(r) = \frac{1}{4\mu}\frac{dp}{dz}r^2 + A\log r + B \tag{5.43}$$

が得られます．ここで $\log r$ の項は $r = 0$ で発散するため，$A = 0$ である必要があり，B は管壁（$r = d$）で $u = 0$ であるという境界条件から

$$B = -\frac{1}{4\mu}\frac{dp}{dz}d^2$$

となります．したがって，速度分布として

$$u(r) = \frac{1}{4\mu}\left(-\frac{dp}{dz}\right)(d^2 - r^2) \tag{5.44}$$

が得られます．このような流れを**ポアズイユ流**（または**ハーゲン・ポアズイユ流**）といいます．円管内を単位時間に通過する流量は，幅 dr の部分の円環の面積が $2\pi r$ である（図 5.6）ことを考慮して

$$Q = \int_0^d u(r)2\pi r dr = \frac{\pi}{8\mu}\left(-\frac{dp}{dz}\right)d^4 \tag{5.45}$$

となります．

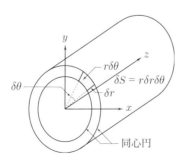

図 5.6　円環上の微小要素

　ポアズイユ流の流量が式 (5.45) に示したように円管の半径の 4 乗に比例するという結果はレイノルズ数があまり大きくない場合には実験的にも確かめられます．このことから，ポアズイユ流を導く場合に採用した仮定（たとえば粘着条件や平行流）が間接的に正当化されたことになります．

(3)　平行でない 2 平板間の流れ

　非線形項が 0 でない場合にナビエ・ストークス方程式の厳密解が求まる特殊な例をひとつあげておきます．これは図 5.6 に示すような平行でない 2 平板間の 2 次元定常流れです．図のように 2 平板の交点を中心として，角度の 2 等分線を基準線とするような平面極座標をとります．そして，平板が基準線となす角度を $\pm\alpha$ とします．このとき，$v_\theta = 0$ であるような定常解を求めてみます．

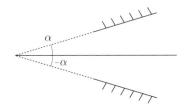

図 5.7　平行でない壁面にはさまれた領域

　$r,\ \theta$ 方向の運動方程式とナビエ・ストークス方程式は，時間微分項と v_θ が 0 であることを考慮すれば

$$v_r \frac{\partial v_r}{\partial r} = -\frac{1}{\rho}\frac{\partial p}{\partial r} + \nu\left(\frac{\partial^2 v_r}{\partial r^2} + \frac{1}{r}\frac{\partial v_r}{\partial r} + \frac{1}{r^2}\frac{\partial^2 v_r}{\partial \theta^2} - \frac{v_r}{r^2}\right) \tag{5.46}$$

$$0 = -\frac{1}{\rho r}\frac{\partial p}{\partial \theta} + \frac{2\nu}{r^2}\frac{\partial v_r}{\partial \theta} \tag{5.47}$$

$$\frac{\partial(rv_r)}{\partial r} = 0 \tag{5.48}$$

となります（$\nu = \mu/\rho$ とおいています）．

　連続の式 (5.48) から，rv_r が θ のみの関数であることがわかるため，便宜的に

$$v_r = \frac{6\nu F(\theta)}{r} \tag{5.49}$$

と書いて，式 (5.47) に代入し，θ について積分して圧力を求めれば

$$\frac{p}{\rho} = \frac{12\nu^2 F(\theta)}{r^2} + f(r) \tag{5.50}$$

となります．式 (5.49)，(5.50) を式 (5.46) に代入すれば，

$$\frac{d^2 F}{d\theta^2} + 4F + 6F^2 = \frac{r^3}{6p\nu^2}\frac{df}{dr}$$

となります．ここで上式の左辺は θ だけの関数，右辺は r だけの関数であることに注意すれば，左辺と右辺の値は r にも θ にも依存しない単なる定数 ($=2A$) である必要があります（変数分離されたといいます）．したがって，2つの常微分方程式

$$\frac{d^2 F}{d\theta^2} + 4F + 6F^2 = 2A \tag{5.51}$$

$$\frac{r^3}{6p\nu^2}\frac{df}{dr} = 2A \tag{5.52}$$

が得られます．式 (5.51) は両辺に $dF/d\theta$ をかければ θ で積分できて

$$\left(\frac{dF}{d\theta}\right)^2 = 4(-F^3 - F^2 + AF + B)$$

となります（B:任意定数）．さらに，この式の逆数をとって F で積分すれば

$$\theta = \pm\frac{1}{2}\int\frac{1}{\sqrt{-F^3 - F^2 + AF + B}}dF \tag{5.53}$$

となり，積分の形で解が表現できます．ただし，この積分は**楕円積分**とよばれるものであり，初等関数では表せません．しかし，変数を変換することにより標準形とよばれるものに帰着できます．

　式 (5.53) に現れる任意定数は流量 Q を指定し，境界条件（壁面で $v_r = 0$）を課すことにより決めることができます．ここで，流量は式（5.49）から

$$Q = \int_{-\alpha}^{\alpha} v_r(\theta) r d\theta = 6\nu\int_{-\alpha}^{\alpha} F d\theta \tag{5.54}$$

となります．$Q > 0$ のときは平板が広がる方向に流れる流れであり，$Q < 0$ のときは狭まる向きに流れる流れです．これ以上の議論は数学的に難しくなるた

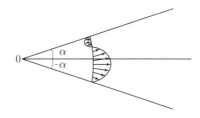

図 5.8　ナビエ・ストークス方程式の厳密解の例

め行いませんが，興味ある結果として，ここで得られた解は図 5.7 に概念的に示すような非対称な流れを含んでいることがあげられます．

なお，圧力分布に現れる関数 $f(r)$ は式 (5.52) を積分することにより

$$f(r) = -\frac{6p\nu^2 A}{r^2} + C \quad (C:任意定数) \tag{5.55}$$

となります．

Chapter 6

ナビエ・ストークス方程式の近似解

　流体の粘性を考慮すると運動方程式は 2 階の微分方程式になります．その結果，数学的な取り扱いが非常に困難になるため，基礎方程式に何らかの近似を行って解を求める努力がなされてきました．本章ではレイノルズ数が小さいときに成り立つストークス近似とオゼーン近似およびレイノルズ数が大きいときに用いられる境界層近似を紹介します．

6.1　レイノルズ数

　本節の議論は 2 次元でも 3 次元でも本質は変らないため，見とおしをよくするため 2 次元の場合について話を進めます．

　非圧縮性の流れで外力も無視できる場合を考えてみます．このような場合でも，流速を変化させたり，粘性を変化させると流れの様子は変化します．現象がどのようなパラメータに支配されるかを調べるために，基礎方程式を**無次元化**します．いま代表的な長さを L，代表的な速度を U とすると，代表的な時間は L/U です．さらに圧力 p はベルヌーイの定理から，ρU^2 と同程度の量で同じ次元をもつことがわかります．そこで

$$x = x'L, y = y'L, t = t'L/U, u = u'U, v = v'U, p = \rho U^2 p' \tag{6.1}$$

とおくと，ダッシュのついた量はすべて無次元になります．これらを連続の式およびナビエ・ストークス方程式に代入して整理すれば

$$\frac{\partial u'}{\partial x'} + \frac{\partial v'}{\partial y'} = 0 \tag{6.2}$$

$$\frac{\partial u'}{\partial t'} + u'\frac{\partial u'}{\partial x'} + v'\frac{\partial u'}{\partial y'} = -\frac{\partial p'}{\partial x'} + \frac{1}{\mathrm{Re}}\left(\frac{\partial^2 u'}{\partial x'^2} + \frac{\partial^2 u'}{\partial y'^2}\right) \tag{6.3}$$

$$\frac{\partial v'}{\partial t'} + u'\frac{\partial v'}{\partial x'} + v'\frac{\partial v'}{\partial y'} = -\frac{\partial p'}{\partial y'} + \frac{1}{\mathrm{Re}}\left(\frac{\partial^2 v'}{\partial x'^2} + \frac{\partial^2 v'}{\partial y'^2}\right) \tag{6.4}$$

となります．ただし

$$\mathrm{Re} = \frac{\rho U L}{\mu} = \frac{U L}{\nu} \tag{6.5}$$

とおいています．このことから無次元化によって連続の式は変化せず，運動方程式にはただ一つのパラメータ Re が現れることがわかります．Re は**レイノルズ数**とよばれる次元のない数であり，幾何形状が相似な 2 つの領域における流れは，Re が同じであれば何ら区別がつかなくなります．したがって，現れる流れのパターンも同一になり，力学的にも相似になることがわかります．この事実は**レイノルズの相似則**とよばれています．

ナビエ・ストークス方程式の非線形項（**慣性項**）の次元が $\rho U^2 / L$ であり，**粘性項**の次元は $\mu U / L^2$ であるため

$$\frac{慣性項}{粘性項} = \frac{\rho U L}{\mu} = \mathrm{Re} \tag{6.6}$$

であることがわかります．すなわち，レイノルズ数の物理的な意味は慣性項と粘性項の比であり，レイノルズ数が小さい流れとは粘性が卓越した流れになります．式 (6.5) から流れの速さが小さいこと，流れのスケールが小さいことは μ が大きいことと同じ意味をもつことがわかります．いいかえれば，粘性が大きいときに現れる流れは μ が大きい流体の流れだけでなく，U や L が小さい流れでも実現されます．

6.2 ストークス近似

ナビエ・ストークス方程式を解析的に解くことが困難な原因のひとつは，方程式に非線形項（慣性項）があるためです．すなわち，非線形であるため，特殊な解を求めてそれらを重ね合わせてより複雑な解を求めるという線形微分方程式の解法でよく使われる方法が原理的に利用できません．

いま，レイノルズ数が非常に小さい流れを考え，非線形項が粘性項に比べて相対的に無視できるとします．そのような場合には非線形項を考慮しなくてよいため，基礎方程式は線形となって数学的な取扱いが著しく簡単になります．このような近似は**ストークス近似**とよばれますが，この近似のもとで，基礎方

程式は

$$\frac{\partial \boldsymbol{v}}{\partial t} = -\frac{1}{\rho}\nabla p + \frac{\mu}{\rho}\nabla^2 \boldsymbol{v} \tag{6.7}$$

$$\nabla \cdot \boldsymbol{v} = 0 \tag{6.8}$$

となります. 式 (6.7) の発散をとり, 式 (6.8) を考慮すると

$$\nabla^2 p = 0 \tag{6.9}$$

となるため, ストークス近似のもとでは圧力場はラプラス方程式を満足する調和関数になります.

　ストークス近似のもとで一様流れの中におかれた球のまわりの定常な流れを考えてみます. $\theta = 0$ を流れの方向にもつ球座標系を用いると, 基礎方程式は式 (5.28) において, 時間微分項および非線形項と体積力の項を落とし, また流れの対称性から $v_\varphi = 0$, $\partial/\partial\varphi = 0$ とおけば得られます. その結果,

$$0 = -\frac{1}{\rho}\frac{\partial p}{\partial r} + \frac{\mu}{\rho}\left(\nabla^2 v_r - \frac{2v_r}{r^2} - \frac{2}{r^2}\frac{\partial v_\theta}{\partial \theta} - \frac{2v_\theta \cot\theta}{r^2}\right)$$

$$0 = -\frac{1}{\rho r}\frac{\partial p}{\partial \theta} + \frac{\mu}{\rho}\left(\nabla^2 v_\theta + \frac{2}{r^2}\frac{\partial v_r}{\partial \theta} - \frac{v_\theta}{r^2 \sin\theta}\right) \tag{6.10}$$

ただし,

$$\nabla^2 = \frac{1}{r^2}\frac{\partial}{\partial r}\left(r^2\frac{\partial}{\partial r}\right) + \frac{1}{r^2 \sin\theta}\frac{\partial}{\partial \theta}\left(\sin\theta\frac{\partial}{\partial \theta}\right) \tag{6.11}$$

となります. 境界条件は球の表面 $(r = a)$ で流速が 0 という条件と無限遠方で一様流になるという条件で, これらはそれぞれ

$$v_r = v_\theta = 0 \quad (r = a) \tag{6.12}$$

$$v_r \to U\cos\theta, \quad v_\theta \to -U\sin\theta \quad (r \to \infty) \tag{6.13}$$

です.

　導出は行いませんが,

$$v_r = U\cos\theta\left(1 - \frac{3a}{2r} + \frac{a^3}{2r^3}\right) \tag{6.14}$$

$$v_\theta = -U\sin\theta\left(1 - \frac{3a}{4r} - \frac{a^3}{4r^3}\right) \tag{6.15}$$

$$p = p_\infty - \frac{3}{2}\frac{\mu U a}{r^2}\cos\theta \tag{6.16}$$

が，これらの条件を満たす解であることが確かめられます．

球表面上 $(r = a)$ の圧力および接線応力はこれらの式から

$$p = p_\infty - \frac{3}{2}\frac{\mu U \cos\theta}{a} \tag{6.17}$$

$$\tau_{r\theta} = 2\mu\left(r\frac{\partial}{\partial r}\left(\frac{v_\theta}{r}\right) + \frac{1}{r}\frac{\partial v_r}{\partial\theta}\right) = -\frac{3}{2}\frac{\mu U \sin\theta}{a} \tag{6.18}$$

となります．

球に働く抵抗 D はこれらの応力の流れ方向成分に面積素 $dS = a^2\sin\theta d\theta d\phi$ を掛けて，φ について $[0, 2\pi]$，θ について $[0, \pi]$ で積分すれば得られます（図6.1）．計算を実行すれば（φ に関する積分は 2π なので）

$$D = -\int_0^\pi \tau_{r\theta}\sin\theta 2\pi a^2\sin\theta d\theta - \int_0^\pi p\cos\theta 2\pi a^2\sin\theta d\theta$$

$$= 4\pi a\mu U + 2\pi a\mu U = 6\pi a\mu U \tag{6.19}$$

となります．式 (6.19) は**ストークスの抵抗法則**として知られており，この法則を用いれば実際に流体中で球の落下速度を測定することにより流体の粘性率 μ を求めることができます．

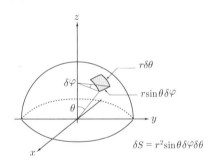

図 6.1　球面上の面積素

球の抵抗 D をよどみ圧 $(1/2)\rho U^2$ と球の断面積 πa^2 を割ったものを球の**抵抗係数** C_D と定義し，また球の直径を代表長さとするレイノルズ数を Re とすれば，ストークスの抵抗法則 (6.19) は

$$C_D = \frac{6\pi a\mu U}{(1/2)\rho U^2\pi a^2} = \frac{12\mu}{\rho a U} = \frac{24}{\mathrm{Re}} \tag{6.20}$$

と書けます.

■**オゼーン近似**　ストークス近似では非線形項を全く無視したためおそい流れ
（正確には Re が小さい流れ）に適用が限られます.すなわち,ある方向に卓越
した一様流がある場合には適用できません.そこで,ストークス近似と同様の
考え方でそういった一様流の効果を取り入れることを考えてみます.一様流の
方向を x 軸にとり一様流の流速を U とすれば,領域内の流速 $\boldsymbol{v} = (u, v, w)$ は

$$u = U + u', \quad v = v', \quad w = w'$$

と書けます.ここで,ダッシュのついた項は U に比べて微小です.そこで,上
式をナビエ・ストークス方程式に代入してダッシュのついた量の 2 次の項を無
視すれば,

$$\frac{\partial \boldsymbol{v}}{\partial t} + U \frac{\partial \boldsymbol{v}}{\partial x} = -\frac{1}{\rho} \nabla p + \frac{\mu}{\rho} \nabla^2 \boldsymbol{v} \tag{6.21}$$

という方程式が得られます.左辺第 2 項がストークス近似にはなかった項で卓
越した一様流の効果を表す項になります.一方,ナビエ・ストークス方程式に
比べると非線形項が線形化されていること,および x 方向の微分しか含まない
という点で大幅に簡略化されています.このような近似は**オゼーン近似**とよば
れています.

　この方程式をもとに球のまわりの流れも解析されていますが,数学的な取り
扱いは複雑です.そこで詳細は省略して,抵抗係数に対する結果だけを記せば

$$C_D = \frac{24}{\mathrm{Re}} \left(1 + \frac{3}{16} \mathrm{Re} \right) \tag{6.22}$$

となります.ただし,上式はおよそ Re < 2 の範囲の流れに対して適用でき
ます.

6.3　境界層近似

前節ではレイノルズ数が小さい場合を取り扱いましたが，本節では逆にレイノルズ数が大きい場合に流れがどう近似されるかを調べてみます．

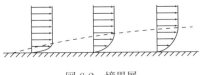

図 6.2　境界層

（1）境界層方程式

図 5.5(c) に示した速度分布は平行平板間に流体を一様に流入させたとき入り口から十分遠方で実現されます．それまでは図 6.2 に示すように壁近くから流速の遅い部分が下流に向って徐々に厚さを増します．図の点線と壁の間の部分を境界層といいます．

図 6.3 に示すように壁面に平行に流れが流れていて，$x = 0$ の場所から境界層が現れて下流に向かって厚さが増すものとします．また境界層の外側の流れは x のみの関数として与えられると仮定します[*1]．そして，外側の流速を u_0，それに対応する圧力を p_0 とします．

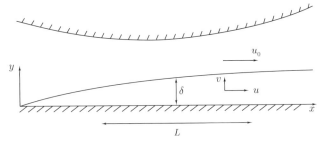

図 6.3　平板境界層

[*1] このような状況を実験的に実現するためには，図 6.3 に示すように幅が変化する溝を用います．

図に示すように境界層のスケールが x と y 方向にそれぞれ L と δ であるとし，各方向の速度スケールを U と V とします．圧力についても x 方向の圧力差と y 方向の圧力差を Λ と Π と記すことにします．

　はじめに連続の式を変形した

$$\frac{\partial u}{\partial x} = -\frac{\partial v}{\partial y}$$

について考えてみます．左辺は U/L の大きさであり，右辺は V/δ の大きさであるため，等式が成り立つためには $U/L \sim V/\delta$ となります．すなわち，

$$V \sim \frac{U\delta}{L} \tag{6.23}$$

です．δ は L に比べて十分に小さいため，式 (6.23) は境界層を横切る方向の速度は流れ方向の速度に比べて小さいことを意味しています．

　次に x 方向の運動方程式を各項の大きさとともに記すと

$$u\frac{\partial u}{\partial x} \quad + \quad v\frac{\partial u}{\partial y} \quad = \quad -\frac{1}{\rho}\frac{\partial p}{\partial x} \quad + \quad \nu\frac{\partial^2 u}{\partial x^2} \quad + \quad \nu\frac{\partial^2 u}{\partial y^2}$$

$$\frac{U^2}{L} \qquad \frac{VU}{\delta} \sim \frac{U^2}{L} \qquad \frac{\Pi}{\rho L} \qquad \frac{\nu U}{L^2} \qquad \frac{\nu U}{\delta^2} \tag{6.24}$$

ただし，左辺第 2 項の大きさを見積もる式に式 (6.23) を用いています．これから 2 つの非線形項の大きさは同程度であることがわかります．一方，粘性項は大きさに違いが見られ，x 方向のものが y 方向に比べて圧倒的に小さいことがわかります．

　y 方向の運動方程式に対しても同様の評価を行えば

$$u\frac{\partial v}{\partial x} \quad + \quad v\frac{\partial v}{\partial y} \quad = \quad -\frac{1}{\rho}\frac{\partial p}{\partial y} \quad + \quad \nu\frac{\partial^2 v}{\partial x^2} \quad + \quad \nu\frac{\partial^2 v}{\partial y^2}$$

$$\frac{UV}{L} \sim \frac{U^2\delta}{L^2} \quad \frac{V^2}{\delta} \sim \frac{U^2\delta}{L^2} \quad \frac{\Lambda}{\rho\delta} \qquad \frac{\nu V}{L^2} \sim \frac{\nu U\delta}{L^3} \quad \frac{\nu V}{\delta^2} \sim \frac{\nu U}{L\delta} \tag{6.25}$$

となります．圧力項は他の項との釣り合いで決まるため，式 (6.24) と式 (6.25) において圧力項は他の最大項と同程度の大きさをもつと考えられます．した

がって,

$$\frac{\Pi}{\rho L} \sim \frac{U^2}{L} \sim \frac{\nu U}{\delta^2} \tag{6.26}$$

$$\frac{\Lambda}{\rho \delta} \sim \frac{U^2 \delta}{L^2} \sim \frac{\nu U}{L \delta} \tag{6.27}$$

となり,これらの式から

$$\frac{\Lambda}{\Pi} \sim \frac{\delta^2}{L^2} \tag{6.28}$$

が得られます.式 (6.28) から境界層を横切る方向の圧力差は境界層に沿う方向の圧力差に比べて圧倒的に小さいことがわかります.したがって,$\partial p / \partial x$ と dp_0/dx の差はほとんどなく,前者を後者で置き換えられます.そこで,式 (6.24) においてこの置き換えを行ない,前述のとおり x 方向の粘性項を落とせば

$$u \frac{\partial u}{\partial x} + v \frac{\partial u}{\partial y} = -\frac{1}{\rho} \frac{dp_0}{dx} + \nu \frac{\partial^2 u}{\partial y^2} \tag{6.29}$$

となります.さらに,境界層の外では流れには y 方向の変化はないとしているため,x 方向の運動方程式は

$$u_0 \frac{du_0}{dx} = -\frac{1}{\rho} \frac{dp_0}{dx} \tag{6.30}$$

となります.この式を用いて,式 (6.29) から圧力項を消去すれば

$$u \frac{\partial u}{\partial x} + v \frac{\partial u}{\partial y} = u_0 \frac{du_0}{dx} + \nu \frac{\partial^2 u}{\partial y^2} \tag{6.31}$$

という**境界層の基礎方程式**が得られます.式 (6.31) は外部の流速 u_0 を与えた上で,連続の式

$$\frac{\partial u}{\partial x} + \frac{\partial v}{\partial y} = 0 \tag{6.32}$$

と連立させて解かれます.

　以上のような手続きで近似を行う方法を**境界層近似**とよんでいます.

(2) 平板を過ぎる境界層流れ

平板を過ぎる一様流による境界層を考えます．このとき，境界層外部の流れは一様であると考えられます．したがって，式 (6.31) の右辺第 1 項は消えるため，基礎方程式は式 (6.32) および

$$u\frac{\partial u}{\partial x} + v\frac{\partial u}{\partial y} = \nu\frac{\partial^2 u}{\partial y^2} \tag{6.33}$$

となります．また，境界条件は

$$u = v = 0 \quad (y = 0); \quad u \to U \quad (y \to \infty) \tag{6.34}$$

です．

ここで，新しい変数として，y を境界層の厚さ δ で無次元化した．

$$\eta = \frac{y}{\delta} = y\sqrt{\frac{U}{\nu x}} \tag{6.35}$$

を用います．ただし，式 (6.26) で L を x とおいた式から見積っています．そして，無次元速度が η の関数になると仮定して

$$\frac{u}{U} = f'(\eta) \tag{6.36}$$

とおきます．（右辺の関数を微分の形にしたのは式が簡単になるため，あくまで便宜的なことです．）このとき，連続の式 (6.32) から

$$\frac{v}{U} = \frac{1}{2}\sqrt{\frac{\nu}{Ux}}(\eta f' - f) \tag{6.37}$$

が得られます．式 (6.36), (6.37) を式 (6.33) に代入して整理すると

$$2\frac{d^3 f}{d\eta^3} + f\frac{d^2 f}{d\eta^2} = 0 \tag{6.38}$$

となり，境界条件は f に関して

$$f = f' = 0 \quad (\eta = 0); \quad f' \to 1 \quad (\eta \to \infty) \tag{6.39}$$

となります．

式 (6.38) は 3 階で非線形の常微分方程式であるため解析的に式の形で解を求めることはできません．しかし，数値解はコンピュータを用いて簡単に求められます．図 6.4 は数値解をグラフにしたものです．

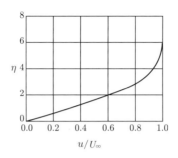

図 6.4　式 (6.38) の数値解

Chapter 7

熱流体

　本章では保存則として最後に残ったエネルギー保存則を基礎方程式に加えます．その結果，熱を考慮した流れが議論できるようになります．

7.1　エネルギー方程式

　連続の式および運動方程式を導いたときと同様に，図 7.1 に示した領域で**エネルギー保存則**を考えます．単位質量あたりの**全エネルギー** E_t は，

$$E_t = \frac{1}{2}|\boldsymbol{v}|^2 + e + E_p + \cdots \tag{7.1}$$

となります．ここで，右辺は順に，運動エネルギー，**内部エネルギー**，ポテンシャルエネルギー，$\cdots$ です．

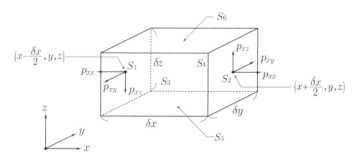

図 7.1　エネルギー保存則

　領域内での全エネルギーの δt あたりの増加

$$(\rho(t+\delta t)E_t(t+\delta t) - \rho(t)E_t(t))\rho\delta x\delta y\delta z \sim \frac{\partial}{\partial t}(\rho E_t)\delta x\delta y\delta z\delta t \tag{7.2}$$

に寄与するものとして，

　（a）流れによって表面 S を通して領域に流入する全エネルギーの流入量，

(b) 表面において応力ベクトル $P\boldsymbol{n}$ がなす仕事,

(c) 熱流 Θ による熱量の流入,

(d) 領域に働く体積力がなす仕事,

(e) 領域内での発熱（吸熱）

があります. 以下, それらについて順に見ていきます.

(a) について, まず x 方向の正味の流入を考えます. 図 7.1 の S_1 面をとおして δt 間に流入する全エネルギーは, 流入する質量 $\rho(x - \delta x/2, y, z, t)(u(x - \delta x/2, y, z, t)\delta t)(\delta y \delta z)$ に単位質量あたりの全エネルギー $E_t(x - \delta x/2, y, z, t)$ をかけたものです. 一方, 図の S_2 面をとおして δt 間に流出する全エネルギーは上の評価式で位置 $x - \delta x$ を $x + \delta x$ に変化させたものです. したがって, 正味の流入量は

$$\rho(x - \delta x/2, y, z, t)u(x - \delta x/2, y, z, t)E_t(x - \delta x/2, y, z, t)\delta t \delta y \delta z$$
$$-\rho(x + \delta x/2, y, z, t)u(x + \delta x/2, y, z, t)E_t(x + \delta x/2, y, z, t)\delta t \delta y \delta z$$
$$\sim -\frac{\partial}{\partial x}(\rho u E_t)\delta x \delta y \delta z \delta t$$

となります. ただし, 式の変形にはテイラー展開を用い, δx の 2 次以上のベキは省略しています. 同様に考えれば, y 方向, z 方向の正味の流入はそれぞれ,

$$-\frac{\partial}{\partial y}(\rho v E_t)\delta x \delta y \delta z \delta t, \quad -\frac{\partial}{\partial z}(\rho w E_t)\delta x \delta y \delta z \delta t$$

となるため, 全体では

$$-\left(\frac{\partial}{\partial x}(\rho u E_t) + \frac{\partial}{\partial y}(\rho v E_t) + \frac{\partial}{\partial z}(\rho w E_t)\right)\delta x \delta y \delta z \delta t$$
$$= -\nabla \cdot (\rho \boldsymbol{v} E_t)\delta x \delta y \delta z \delta t = -\frac{\partial}{\partial x_j}(\rho E_t v_j)\delta x \delta y \delta z \delta t \quad (7.3)$$

となります[*1].

(b) については x 方向の運動による正味の仕事（移動距離 × 力）と y 方向の運動による正味の仕事, そして z 方向の運動による正味の仕事の和になりま

[*1] いままでと同様に添字 $1, 2, 3$ がそれぞれ x, y, z に対応します. すなわち, $(x_1, x_2, x_3) = (x, y, z)$, $(v_1, v_2, v_3) = (u, v, w)$ であり, さらにひとつの項に同じ添字が現れた場合, $j = 1, 2, 3$ の和をとると約束します.

す．そこで，まず x 方向の運動について考えると，S_1 面と S_2 面に働く応力 p_x の x 成分による仕事の差は

$$u(x + \delta x/2)\delta t p_{xx}(x + \delta x/2)\delta y\delta z - u(x - \delta x/2)\delta t p_{xx}(x - \delta x/2)\delta y\delta z$$
$$\sim \delta t\delta x\delta y\delta z \frac{\partial}{\partial x}(up_{xx})$$

となり，同様に S_3 面と S_4 面に働く応力 p_y の x 成分による仕事の差および S_5 面と S_6 面に働く応力 p_z の x 成分による仕事の差はそれぞれ

$$u(y + \delta y/2)\delta t p_{yx}(y + \delta y/2)\delta x\delta z - u(y - \delta y/2)\delta t p_{yx}(y - \delta y/2)\delta x\delta z$$
$$\sim \delta t\delta x\delta y\delta z \frac{\partial}{\partial y}(up_{yx})$$
$$u(z + \delta z/2)\delta t p_{zx}(z + \delta z/2)\delta x\delta y - u(z - \delta z/2)\delta t p_{zx}(z - \delta z/2)\delta x\delta y$$
$$\sim \delta t\delta x\delta y\delta z \frac{\partial}{\partial z}(up_{zx})$$

となるため，x 方向の運動による正味の仕事は

$$\delta t\delta x\delta y\delta z \left(\frac{\partial}{\partial x}(up_{xx}) + \frac{\partial}{\partial y}(up_{yx}) + \frac{\partial}{\partial z}(up_{zx}) \right)$$

です．同様に，y 方向と z 方向の運動による正味の仕事は

$$\delta t\delta x\delta y\delta z \left(\frac{\partial}{\partial x}(vp_{xy}) + \frac{\partial}{\partial y}(vp_{yy}) + \frac{\partial}{\partial z}(vp_{zy}) \right)$$

$$\delta t\delta x\delta y\delta z \left(\frac{\partial}{\partial x}(wp_{xz}) + \frac{\partial}{\partial y}(wp_{yz}) + \frac{\partial}{\partial z}(wp_{zz}) \right)$$

です．以上のことから表面に働く応力による仕事は，すべてを加え合わせた

$$\delta t\delta x\delta y\delta z \left(\frac{\partial}{\partial x}(up_{xx} + vp_{xy} + wp_{xz}) + \frac{\partial}{\partial y}(up_{yx} + vp_{yy} + wp_{yz}) \right.$$
$$\left. + \frac{\partial}{\partial z}(up_{zx} + vp_{zy} + wp_{zz}) \right) = \delta t\delta x\delta y\delta z \frac{\partial}{\partial x_j}(v_i p_{ij}) \quad (7.4)$$

となります．

（c）熱は**熱流ベクトル** Θ によって運ばれます．領域内に流入する正味の熱は，x 方向からは，図 7.1 の S_1 をとおして δt 間に熱流ベクトルの x 成分に

よって流入する熱量から S_2 をとおして δt 間に熱流ベクトルの x 成分によって流出する熱量を引いたものであるため

$$(\Theta_x(x - \delta x/2)\delta y \delta z - \Theta_x(x + \delta x/2)\delta y \delta z)\delta t \sim -\delta t \delta x \delta y \delta z \frac{\partial \Theta_x}{\partial x}$$

となります．同様に y 方向および z 方向からの正味の流入は

$$(\Theta_y(y - \delta y/2)\delta x \delta z - \Theta_y(y + \delta y/2)\delta x \delta z)\delta t \sim -\delta t \delta x \delta y \delta z \frac{\partial \Theta_y}{\partial y}$$

$$(\Theta_z(z - \delta z/2)\delta x \delta y - \Theta_z(z + \delta z/2)\delta x \delta y)\delta t \sim -\delta t \delta x \delta y \delta z \frac{\partial \Theta_z}{\partial z}$$

です．したがって，全体ではこれらを加え合わせて

$$-\delta t \delta x \delta y \delta z \nabla \cdot \Theta = -\delta t \delta x \delta y \delta z \frac{\partial \Theta_j}{\partial x_j} \tag{7.5}$$

となります.

　(d) 領域 V に働く体積力のなす仕事については，単位質量当たりの体積力が $\boldsymbol{K}$ であるため，体積力は $(\rho \delta x \delta y \delta z)\boldsymbol{K}$ となり，これと変位 $\delta \boldsymbol{r} = \boldsymbol{v}\delta t$ との内積をとったものになります．したがって，

$$(\rho \delta x \delta y \delta z)\boldsymbol{K} \cdot \boldsymbol{v}\delta t = \rho v_j K_j \delta t \delta x \delta y \delta z \tag{7.6}$$

です.

　(e)　V 内での発熱は，単位質量，単位時間あたりの発熱を Q とすれば

$$Q\delta t(\rho \delta x \delta y \delta z) = \rho Q \delta x \delta y \delta z \delta t \tag{7.7}$$

となります．式 (7.2)〜(7.7) からエネルギー保存を表す式として（共通の $\delta t \delta x \delta y \delta z$ で割り算して）

$$\frac{\partial(\rho E_t)}{\partial t} + \frac{\partial}{\partial x_j}(\rho E_t v_j) = \frac{\partial}{\partial x_j}(v_i p_{ij} - \Theta_j) + \rho v_j K_j + \rho Q \tag{7.8}$$

という微分方程式が得られます．これがエネルギー保存を表す**エネルギー方程式**です．なお，この式の左辺は

$$\frac{\partial(\rho E_t)}{\partial t} + \frac{\partial}{\partial x_j}(\rho E_t v_j) = \rho\left(\frac{\partial E_t}{\partial t} + v_j \frac{\partial E_t}{\partial x_j}\right) + E_t\left(\frac{\partial \rho}{\partial t} + \frac{\partial}{\partial x_j}(\rho v_j)\right) = \rho \frac{DE_t}{Dt}$$

と書けます．ただし連続の式を用いています.

7.2 熱流体の基礎方程式

エネルギー方程式に応力の式 (5.5) を代入すると

$$\rho \frac{DE_t}{Dt} = -\frac{\partial \Theta_j}{\partial x_j} - \frac{\partial}{\partial x_j} v_j p + \rho v_j K_j + \frac{\partial}{\partial x_j}(\tau_{ij} v_i) + \rho Q$$

またはベクトル形で

$$\rho \frac{DE_t}{Dt} = -\nabla \cdot \Theta - \nabla \cdot (p\boldsymbol{v}) + \rho \boldsymbol{v} \cdot \boldsymbol{K} + \nabla \cdot (\tau_{ij} \cdot \boldsymbol{v}) + \rho Q \tag{7.9}$$

となります.

全エネルギーの中で，運動エネルギーおよび内部エネルギーが重要な場合，式 (7.9) の左辺は

$$\rho \frac{De}{Dt} + \rho \frac{D}{Dt}\left(\frac{|\boldsymbol{v}^2|}{2}\right) = \rho \frac{De}{Dt} + \rho \frac{D\boldsymbol{v}}{Dt} \cdot \boldsymbol{v} \tag{7.10}$$

となります．一方，ナビエ・ストークス方程式と $\boldsymbol{v}$ との内積をとれば

$$\rho \frac{D\boldsymbol{v}}{Dt} \cdot \boldsymbol{v} = -\nabla p \cdot \boldsymbol{v} + (\nabla \cdot \tau_{ij}) \cdot \boldsymbol{v} + \rho \boldsymbol{K} \cdot \boldsymbol{v}$$

となるため，この式と式 (7.9)，(7.10) より

$$\rho \frac{De}{Dt} + p(\nabla \cdot \boldsymbol{v}) = -\nabla \cdot \Theta + \Phi + \rho Q \tag{7.11}$$

が得られます．ここで Φ は**散逸関数**とよばれ

$$\Phi = \nabla \cdot (\tau_{ij} \cdot \boldsymbol{v}) - (\nabla \cdot \tau_{ij}) \cdot \boldsymbol{v} \tag{7.12}$$

で定義されます.

熱流 Θ と温度 T の間の関係としては，ふつう**フーリエの熱伝導の法則**

$$\Theta = -k\nabla T \tag{7.13}$$

を用います．ここで k は**熱伝導率**です．流れが非圧縮性とみなせる場合には，$\nabla \cdot \boldsymbol{v} = 0$ であり，さらに内部エネルギー e と温度 T は比例します．すなわち，

$$e = cT$$

が成り立ちます（c：比熱）．以上のことから，式 (7.11) は

$$\rho c \frac{DT}{Dt} = \nabla \cdot (k \nabla T) + \rho \Phi + \rho Q \qquad (7.14)$$

となります．

7.3　ブジネスク近似

　エネルギー方程式を付け加えると，連続の式とナビエ・ストークス方程式は圧力，流速，温度に関する閉じた方程式になります．なお，密度やエントロピーなど他の熱力学的な量は状態方程式から圧力と温度で表すことができます．これらの方程式は温度という未知数が増えたため非圧縮性の流れよりさらに解くのが困難になります．そこで近似解法が用いられることも多く，その代表的なものに熱対流問題に対する**ブジネスク近似**があります．この近似法は温度変化による密度変化の影響が，浮力をとおしてのみ基礎方程式に影響を及ぼすという近似です．すなわち，連続の式や運動方程式に現れる密度は外力（浮力）の項に関係するもの以外は一定値 ρ_0 とみなします．したがって，連続の式は非圧縮性のものと同一になり，運動方程式においては $\rho Dv/Dt$ を $\rho_0 Dv/Dt$ とします．しかし，外力（浮力）の項は ρ の変動の効果が入るように

$$\rho \boldsymbol{K} = -\rho g \boldsymbol{k}$$

とします（$\boldsymbol{k}$ は z 方向の単位ベクトル）．浮力は周囲との密度差で生じるため，密度を

$$\rho = \rho_0 + \delta\rho$$

と書くことにします．ここで $\delta\rho$ は密度変動です．以上のことからナビエ・ストークス方程式は

$$\rho_0 \frac{D\boldsymbol{v}}{Dt} = -\nabla P + \mu \Delta \boldsymbol{v} - g\delta\rho \boldsymbol{k}$$

となります．ただし，p を通常の圧力として

$$P = p + \rho_0 g z$$

とおいています（以下の式では P を p と記します）．

重力の項を除いて密度が一定とみなしてよいのは，重力加速度 g が他の項に比べて十分に大きいという理由からで，これは $\delta\rho/\rho_0 \ll 1$ であっても，浮力項が重要な働きをすることを意味しています．$\delta\rho$ が小さい場合には密度変動と温度変動は比例関係にあるとみなせて

$$\delta\rho = -\beta\rho_0\delta T = -\beta\rho_0(T - T_0)$$

と書けます．ここで，β は流体の**膨張係数**です．以上のことから熱流体の基礎方程式は，ブジネスク近似を用いた場合，非圧縮性の連続の式，運動方程式

$$\frac{\partial \boldsymbol{v}}{\partial t} + (\boldsymbol{v} \cdot \nabla)\boldsymbol{v} = -\frac{1}{\rho_0}\nabla p + \nu\nabla^2\boldsymbol{v} - \beta g(T - T_0)\boldsymbol{k} \tag{7.15}$$

（$\nu = \mu/\rho_0$ で定数）および温度に対する方程式 (7.14) になります．このとき未知数は流速 $\boldsymbol{v}$ と圧力 p および温度 T であるため，方程式の数と未知数の数が一致します．

次にこれらの基礎方程式を無次元化してみます．流れの代表的な長さスケールを L，代表的な速度を U，代表的な温度差を δT としたとき，代表的な時間および圧力のスケールは L/U，$\rho_0 U^2$ となります．したがって

$$x = Lx', y = Ly', z = Lz'$$
$$u = Uu', v = Uv', w = Uw', t = (L/U)t', p = (\rho_0 U^2)p' \tag{7.16}$$
$$T - T_0 = T'\delta T$$

とおけば，ダッシュのついた量はすべて無次元になります．そこでこれらの方程式を，連続の式 (2.10)，運動方程式 (7.15)，温度の方程式 (7.14)（ただし発熱がなく，散逸関数も省略できるとしています）に代入すれば

$$\frac{\partial u'}{\partial x'} + \frac{\partial v'}{\partial y'} + \frac{\partial w'}{\partial z'} = 0$$

$$\frac{\partial u'}{\partial t'} + u'\frac{\partial u'}{\partial x'} + v'\frac{\partial u'}{\partial y'} + w'\frac{\partial u'}{\partial z'} = -\frac{\partial p'}{\partial x'} + \frac{1}{\mathrm{Re}}\left(\frac{\partial^2 u'}{\partial x'^2} + \frac{\partial^2 u'}{\partial y'^2} + \frac{\partial^2 u'}{\partial z'^2}\right)$$

$$\frac{\partial v'}{\partial t'} + u'\frac{\partial v'}{\partial x'} + v'\frac{\partial v'}{\partial y'} + w'\frac{\partial v'}{\partial z'} = -\frac{\partial p'}{\partial y'} + \frac{1}{\mathrm{Re}}\left(\frac{\partial^2 v'}{\partial x'^2} + \frac{\partial^2 v'}{\partial y'^2} + \frac{\partial^2 v'}{\partial z'^2}\right)$$

$$(7.17)$$

$$\frac{\partial w'}{\partial t'} + u'\frac{\partial w'}{\partial x'} + v'\frac{\partial w'}{\partial y'} + w'\frac{\partial w'}{\partial z'} = -\frac{\partial p'}{\partial z'} + \frac{1}{\mathrm{Re}}\left(\frac{\partial^2 w'}{\partial x'^2} + \frac{\partial^2 w'}{\partial y'^2} + \frac{\partial^2 w'}{\partial z'^2}\right)$$
$$+ \frac{\mathrm{Gr}}{\mathrm{Re}^2}T'$$

$$\frac{\partial T'}{\partial t'} + u'\frac{\partial T'}{\partial x'} + v'\frac{\partial T'}{\partial y'} + w'\frac{\partial T'}{\partial z'} = \frac{1}{\mathrm{RePr}}\left(\frac{\partial^2 T'}{\partial x'^2} + \frac{\partial^2 T'}{\partial y'^2} + \frac{\partial^2 T'}{\partial z'^2}\right)$$

となります．ここで，Re，Gr，Pr はそれぞれレイノルズ数，**グラスホフ数**，**プラントル数**とよばれ

$$\mathrm{Re} = \frac{\rho_0 U L}{\mu}, \quad \mathrm{Gr} = \frac{g\beta\delta T L^3}{\nu^2}, \quad \mathrm{Pr} = \frac{c\mu}{k} \tag{7.18}$$

で定義される無次元数です．式 (7.17) はすべてダッシュがついているため，今後ダッシュは省略します．

7.4　熱対流

(1)　強制対流

　熱を含む流れで浮力が重要でない場合，温度の項は運動方程式に入ってきません（粘性率は温度によらず一定とします）．そこで，流体の運動は温度とは無関係に決まります．一方，温度の方程式には速度（移流項）があるため，流れは温度分布を決める上で重要な役割を果たします．このような状況での流れを**強制対流**とよんでいます．強制対流の問題ではまず速度分布を求めてから温度分布を求めることになります．

高レイノルズ数の流れの場合に，熱を含む流れが強制対流として取り扱えるためには，浮力が慣性力に比べてずっと小さい必要があります．この条件は

$$g\beta\delta T L/U^2 \ll 1 \tag{7.19}$$

の場合に満たされます．ただし，L は代表的な長さ，δT は代表的な温度差，U は代表的な速さです．

　内部に発熱がなく，粘性による散逸もない場合，エネルギー方程式は定常状態では

$$\boldsymbol{v} \cdot \nabla T = \kappa \nabla^2 T \tag{7.20}$$

となります（$\kappa = ck/\rho$）．この方程式を無次元化すると

$$\boldsymbol{v}' \cdot \nabla T' = \frac{1}{\mathrm{Pe}} \nabla^2 T' \quad \left(\mathrm{Pe} = \frac{UL}{\kappa}\right) \tag{7.21}$$

となるため，強制対流では Pe が等しければ熱的な相似性が成り立ちます．ここで，Pe は**ペクレ数**とよばれ，物理的には「熱の移流/熱伝導」という意味をもっています．ペクレ数が小さいとき式 (7.20) は

$$\kappa \nabla^2 T = 0 \tag{7.22}$$

となり，流れは温度分布を決める上で重要でなくなります．一方，ペクレ数が大きい場合には式 (7.20) は

$$\boldsymbol{v} \cdot \nabla T = 0 \tag{7.23}$$

と近似されます．この場合，熱伝導項は流れの大部分で重要ではないものの，境界近くに現れる熱的な境界層（**温度境界層**）部分では重要になります．

　強制対流において熱的な相似性と力学的な相似性の両方が成り立つのは，レイノルズ数とペクレ数の両方が等しい場合ですが，ペクレ数の定義 (7.21) から，これはレイノルズ数と

$$\mathrm{Pr} = \nu/\kappa \tag{7.24}$$

が等しい場合といいかえられます．Pr は前節でも現れましたが**プラントル数**とよばれ，物質に備わった物性値です．

　プラントル数が 1 程度の場合（空気など大部分の気体）には速度境界層と温度境界層は同程度の厚みをもちます．一方，プラントル数が 1 より大きい場合

（ほとんどの液体）には速度境界層の方が温度境界層より厚くなり，プラント
ル数が 1 より小さい場合（液体金属など）はその逆になります．図 7.2 にこれ
らの様子を管内流れに対して概念的に示しています．

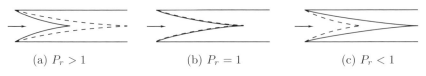

(a) $P_r > 1$　　　　　(b) $P_r = 1$　　　　　(c) $P_r < 1$

図 7.2　速度境界層（実線）と温度境界層（点線）

■**平板内の一様流による温度分布**　2 次元定常問題を考えます．ただし，エネ
ルギー方程式には散逸関数を加えます．

このとき，温度分布を決める方程式は

$$\rho c \left(u \frac{\partial T}{\partial x} + v \frac{\partial T}{\partial y} \right) = k \left(\frac{\partial^2 T}{\partial x^2} + \frac{\partial^2 T}{\partial y^2} \right) + \Phi \tag{7.25}$$

ただし，

$$\Phi = 2\mu \left[\left(\frac{\partial u}{\partial x} \right)^2 + \left(\frac{\partial v}{\partial y} \right)^2 \right] + \mu \left(\frac{\partial v}{\partial x} + \frac{\partial u}{\partial y} \right)^2$$

です．

x 軸に平行な平板間を流れる流れは，下の平板（$y = 0$）が静止，上の平板
（$y = d$）が速さ U で動いている場合，式 (5.37)，すなわち

$$u(y) = \frac{a}{2\mu}(dy - y^2) + \frac{Uy}{d}, \quad v = 0 \tag{7.26}$$

で与えられました．ただし，$a = -dp/dx$ は圧力勾配（一定値）です．また Φ
に関しては $\mu(\partial u/\partial y)^2$ だけが残ります．平板上の温度の境界条件として，平
板上で一定値をとるという条件を課せば，

$$T = T_0 \ (y = 0); \quad T = T_1 \ (y = d) \tag{7.27}$$

となります．T が x 方向に変化しないという解はこの条件を満足します．そ
こで $T = T(y)$ の形を解を探すことにします．式 (7.26) を式 (7.25) に代入し，
$\partial T/\partial x = 0$ を考慮すれば

$$k \frac{d^2 T}{dy^2} = -\mu \left(\frac{du}{dy} \right)^2 = -\mu \left(\frac{a}{2\mu}(d - 2y) + \frac{U}{d} \right)^2 \tag{7.28}$$

となります.最右辺は $a \neq 0$ のとき y の 2 次関数なので,これを積分すれば温度分布は y の 4 次関数になります(図 7.3).また $a = 0$(クエット流)の場合に限り y の 2 次関数になります.なお,2 つの積分定数は式 (7.27) を用いて一意に決めることができます.

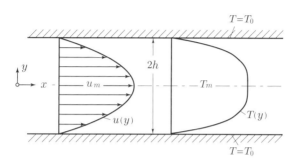

図 7.3 平板間の強制対流の速度分布と温度分布

特殊な場合として,式 (7.28) において $U = 0$,式 (7.27) において $T_1 = T_0$ の場合に,上の計算を実際に実行すれば

$$T = T_0 + \frac{a^2}{24\mu k}(d^3 y - 3d^2 y^2 + 4dy^3 - 2y^4) \tag{7.29}$$

となります.また,$a = 0$ のときには

$$\frac{T - T_0}{T_1 - T_0} = \frac{y}{d} + \frac{\mu U^2}{2k(T_1 - T_0)}\frac{y}{d}\left(1 - \frac{y}{d}\right) \tag{7.30}$$

となります.

. . . .

(2) 自由対流

前項で述べた強制対流問題は特殊な場合であり,一般には温度は流れに対して影響を及ぼします[*2].そのような流れを**自由対流(自然対流)**とよんでいます.自由対流は,運動方程式に温度効果を含める必要があり,さらに流速は温

[*2] 流体の実験を大きな装置で行うときには,温度の影響を除外するのは困難です.たとえば,大きな水槽では常に小さな対流が起きており,流体を完全に静止させることは困難です.

度場を変化させるため，流れ場と温度場の間には相互作用があります．したがって，流れの方程式と温度の方程式を連立させて解く必要があり，解析は非常に難しくなります．

　以下，内部に発熱のない流れに対して基礎方程式を用いて簡単に定性的な議論を行うことにします．

　定常な流れに対して，ブジネスク近似を用いた基礎方程式は次のようになります．

$$\nabla \cdot \boldsymbol{v} = 0 \tag{7.31}$$

$$\boldsymbol{v} \cdot \nabla \boldsymbol{v} = -\frac{1}{\rho}\nabla p + \nu\nabla^2\boldsymbol{v} - g\beta(T-T_0)\boldsymbol{k} \tag{7.32}$$

$$\boldsymbol{v} \cdot \nabla T = \kappa\nabla^2 T \tag{7.33}$$

（$\boldsymbol{k}$ は z 方向の単位ベクトル）これらの方程式を無次元化すると前節でも述べましたが，

$$\mathrm{Gr} = \frac{g\beta\delta T L^3}{\nu^2}, \quad \mathrm{Pr} = \frac{\nu}{\kappa} \tag{7.34}$$

というグラフホフ数とプラントル数とよばれる 2 つのパラメータが現れます．これら 2 つのパラメータが等しければ，幾何学的に相似な状況において同じ流れのパターンが得られます．

　特殊な場合として慣性項と浮力が同程度の場合，すなわち

$$|\boldsymbol{v}\cdot\nabla\boldsymbol{v}| \sim |g\beta\delta T| \quad (\delta T = T - T_0) \tag{7.35}$$

の場合を考えてみます．このとき

$$U^2/L \sim g\beta\delta T$$

となるため

$$U \sim (g\beta L\delta T)^{1/2} \tag{7.36}$$

という関係が得られます．したがって，慣性力と粘性力の比は

$$\frac{|\boldsymbol{v}\cdot\nabla\boldsymbol{v}|}{|\nu\nabla^2 v|} \sim \frac{UL}{\nu} \sim \left(\frac{g\beta\delta T L^3}{\nu^2}\right)^{1/2} = \mathrm{Gr}^{1/2} \tag{7.37}$$

となります．このことから，グラスホフ数が大きければ浮力や慣性力に比べて粘性力は無視できることがわかります．なお，この議論の出発点で慣性力と浮

力が同程度と仮定したため，グラスホフ数が小さい場合に，慣性力が無視できるかどうかはこの議論からはわかりません．

次に粘性項と浮力が同程度の場合，すなわち

$$|\nu\nabla^2\boldsymbol{v}| \sim |g\beta\nabla^2 T| \tag{7.38}$$

の場合を考えてみます．この場合には

$$U \sim g\beta\delta T L^2/\nu \tag{7.39}$$

という関係が得られるため，慣性力と粘性力の比は

$$\frac{|\boldsymbol{v}\cdot\nabla\boldsymbol{v}|}{|\nu\nabla^2\boldsymbol{v}|} \sim \mathrm{Gr} \tag{7.40}$$

となります．この結果から，グラスホフ数が小さい場合には慣性力が無視できることがわかります．ただし，この解析はグラスホフ数が大きい場合には使えません．なお，式 (7.37) と式 (7.40) では Gr のべきが異なることに注意が必要です．

温度分布を決める上で，対流と熱伝導の比が重要になり，これは強制対流のところでも述べましたが

$$\frac{対流}{熱伝導} \sim \frac{UL}{\kappa}$$

です．この比は Gr が大きいとき

$$|\boldsymbol{v}\cdot\nabla T| \,/\, |\kappa\nabla^2 T| \sim \mathrm{Gr}^{1/2}\mathrm{Pr} \tag{7.41}$$

となり，Gr が小さいとき

$$|\boldsymbol{v}\cdot\nabla T| \,/\, |\kappa\nabla^2 T| \sim \mathrm{Gr}\mathrm{Pr} \tag{7.42}$$

となります．式 (7.42) に現れる GrPr は**レイリー数**とよばれ水平層の対流を議論するとき重要なパラメータになります．

自由対流はほとんど場合，渦のある流れです．なぜなら，運動方程式の回転をとれば

$$\frac{D\boldsymbol{\omega}}{Dt} = \boldsymbol{\omega}\cdot\nabla\boldsymbol{v} + \nu\nabla^2\boldsymbol{\omega} + \beta\boldsymbol{g}\times\nabla(T-T_0) \tag{7.43}$$

となるため，水平方向に温度勾配があれば水平方向の渦度成分を生み出すからです．このことは直観的にも明らかで，たとえば，図 7.4 に示すように，領域

の左半分に温度の低い流体，右半分に温度の高い流体があった場合には温度の低い（重い）流体は下に、温度の高い（軽い）流体は上になるように運動を始めます．この状況では水平方向に温度勾配がありますが，その結果，水平方向に軸をもつ回転流れが引き起こされます．

図 7.4　温度差のある流体が鉛直方向に接した状態

■自由対流の境界層方程式の解の例　温度 T_∞ の流体中に垂直に壁面を立て，壁面の温度を T_w に保ったとします．このとき，流れが誘起され，壁面上に温度と速度の境界層ができます．支配方程式に境界層近似を行なうと，定常状態では

$$\frac{\partial u}{\partial x} + \frac{\partial v}{\partial y} = 0 \tag{7.44}$$

$$u\frac{\partial u}{\partial x} + v\frac{\partial u}{\partial y} = \nu\frac{\partial^2 u}{\partial y^2} + g\frac{T_w - T_\infty}{T_\infty}\theta \tag{7.45}$$

$$u\frac{\partial \theta}{\partial x} + v\frac{\partial \theta}{\partial y} = \frac{k}{\rho c}\frac{\partial^2 \theta}{\partial y^2} \tag{7.46}$$

となります．ただし，

$$\theta = \frac{T - T_\infty}{T_w - T_\infty}$$

とおき，また鉛直上方を x 軸の正方向にとっています．これらの方程式を解くため，流れ関数

$$u = \partial\psi/\partial y, \quad v = -\partial\psi/\partial x \tag{7.47}$$

を導入し，解として

$$\psi = 4\nu a x^{3/4}\zeta(\eta) \tag{7.48}$$

ただし

$$\eta = \frac{ay}{x^{1/4}}, \quad a = \left(\frac{g(T_w - T_\infty)}{4\nu^2 T_\infty}\right)^{1/4}$$

を仮定します．式 (7.48) を式 (7.47) に代入すると

$$u = 4\nu x^{1/2}c^2\zeta', \quad v = \nu c x^{-1/4}(\eta\zeta' - 3\zeta)$$

となるため，これを式 (7.45) と (7.46) に代入すれば

$$\frac{d^3\zeta}{d\eta^3} + 3\zeta\frac{d\zeta^2}{d\eta^2} - 2\left(\frac{d\zeta}{d\eta}\right)^2 + \theta = 0 \qquad (7.49)$$

$$\frac{d\theta^2}{d\zeta^2} + 3\mathrm{Pr}\zeta\frac{d\theta}{d\eta} = 0 \qquad (7.50)$$

という ζ と η に関する連立常微分方程式が得られます．ただし，Pr はプラントル数です．なお，流れ関数は連続の式を自動的に満たすため，式 (7.44) は考慮する必要はありません．式 (7.49)，(7.50) は解析的には解けないため数値的に解かれます．プラントル数が 0.73 と 10 の場合の解（温度分布と流速分布）を図 7.5 に示します．

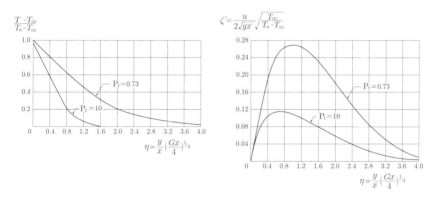

図 7.5　式 (7.49)，(7.50) の数値解

Appendix A

直交曲線座標

　座標値が一定値をとる面の交線をなす曲線（直線）がお互いに直交する座標系を直交曲線座標といいます．もちろん直角座標（デカルト座標）は直交曲線座標ですが，円柱座標系も $r = $ 一定，$\theta = $ 一定，$z = $ 一定 の3つの曲面の交線をなす曲線が互いに直交するため直交曲線座標であり，球座標もそうです．またそれ以外にもいくつかの直交曲線座標があります．本付録ではナビエ・ストークス方程式などに関係する微分演算が直交曲線座標系でどのように表現されるかをまとめておきます．

　基本になる量は直交曲線座標での微小線分の長さ ds で，デカルト座標では

$$(ds)^2 = (dx)^2 + (dy)^2 + (dz)^2$$

ですが，直交曲線座標では座標値を (x_1, x_2, x_3) としたとき

$$(ds)^2 = (h_1 dx_1)^2 + (h_2 dx_2)^2 + (h_3 dx_3)^2$$

となります．ここで，x_i，h_i（および速度成分）はデカルト座標，円柱座標，球座標ではそれぞれ

$$x_1 = x, x_2 = y, x_3 = z; \quad h_1 = 1, h_2 = 1, h_3 = 1; \quad u_1 = u, u_2 = v, u_3 = w$$
$$x_1 = r, x_2 = \theta, x_3 = z; \quad h_1 = 1, h_2 = r, h_3 = 1; \quad u_1 = v_r, u_2 = v_\theta, u_3 = v_z$$
$$x_1 = r, x_2 = \theta, x_3 = \phi; \quad h_1 = 1, h_2 = r, h_3 = r \sin\theta; \quad u_1 = v_r, u_2 = v_\theta, u_3 = v_\phi$$

となります．なお，h_i は一般にデカルト座標と直交曲線座標の間の関数関係

$$x = x(x_1, x_2, x_3), \quad y = y(x_1, x_2, x_3), \quad z = z(x_1, x_2, x_3)$$

が与えられたとき，

$$(h_i)^2 = \left(\frac{\partial x}{\partial x_i}\right)^2 + \left(\frac{\partial y}{\partial x_i}\right)^2 + \left(\frac{\partial z}{\partial x_i}\right)^2 \quad (i = 1, 2, 3) \tag{A.1}$$

から計算されます．

—92—

(1) 勾配，発散，回転，ラプラシアン

$$\nabla\varphi = \frac{1}{h_1}\frac{\partial\varphi}{\partial x_1}\boldsymbol{e}_1 + \frac{1}{h_2}\frac{\partial\varphi}{\partial x_2}\boldsymbol{e}_2 + \frac{1}{h_3}\frac{\partial\varphi}{\partial x_3}\boldsymbol{e}_3 \tag{A.2}$$

$$\nabla\cdot\boldsymbol{A} = \frac{1}{h_1 h_2 h_3}\left[\frac{\partial}{\partial x_1}(h_2 h_3 A_1) + \frac{\partial}{\partial x_2}(h_3 h_1 A_2) + \frac{\partial}{\partial x_3}(h_1 h_2 A_3)\right] \tag{A.3}$$

$$\nabla\times\boldsymbol{A} = \frac{1}{h_1 h_2 h_3}\Big(h_1\left[\frac{\partial(h_3 A_3)}{\partial x_2} - \frac{\partial(h_2 A_2)}{\partial x_3}\right]\boldsymbol{e}_1$$
$$+ h_2\left[\frac{\partial(h_1 A_1)}{\partial x_3} - \frac{\partial(h_3 A_3)}{\partial x_1}\right]\boldsymbol{e}_2 + h_3\left[\frac{\partial(h_2 A_2)}{\partial x_1} - \frac{\partial(h_1 A_1)}{\partial x_2}\right]\boldsymbol{e}_3\Big) \tag{A.4}$$

$$\nabla^2\varphi = \frac{1}{h_1 h_2 h_3}\left[\frac{\partial}{\partial x_1}\left(\frac{h_2 h_3}{h_1}\frac{\partial\varphi}{\partial x_1}\right) + \frac{\partial}{\partial x_2}\left(\frac{h_3 h_1}{h_2}\frac{\partial\varphi}{\partial x_2}\right) + \frac{\partial}{\partial x_3}\left(\frac{h_1 h_2}{h_3}\frac{\partial\varphi}{\partial x_3}\right)\right] \tag{A.5}$$

(2) 非線形項

$$(\boldsymbol{v}\cdot\nabla)\boldsymbol{v} = \left(\frac{u_1}{h_1}\frac{\partial}{\partial x_1} + \frac{u_2}{h_2}\frac{\partial}{\partial x_2} + \frac{u_3}{h_3}\frac{\partial}{\partial x_3}\right)(u_1\boldsymbol{e}_1 + u_2\boldsymbol{e}_2 + u_3\boldsymbol{e}_3)$$

の計算において，基本ベクトル $\boldsymbol{e}_i$ の微分が必ずしも 0 でないため，以下のようになります：

$$(\boldsymbol{v}\cdot\nabla)\boldsymbol{v} = \Bigg(\frac{u_1}{h_1}\frac{\partial u_1}{\partial x_1} + \frac{u_2}{h_2}\frac{\partial u_1}{\partial x_2} + \frac{u_3}{h_3}\frac{\partial u_1}{\partial x_3}$$
$$+ \frac{u_1 u_2}{h_1 h_2}\frac{\partial h_1}{\partial x_2} + \frac{u_1 u_3}{h_1 h_3}\frac{\partial h_1}{\partial x_3} - \frac{u_2^2}{h_1 h_2}\frac{\partial h_2}{\partial x_1} - \frac{u_3^2}{h_1 h_3}\frac{\partial h_3}{\partial x_1}\Bigg)\boldsymbol{e}_1$$
$$+ \Bigg(\frac{u_1}{h_1}\frac{\partial u_2}{\partial x_1} + \frac{u_2}{h_2}\frac{\partial u_2}{\partial x_2} + \frac{u_3}{h_3}\frac{\partial u_2}{\partial x_3}$$
$$- \frac{u_1^2}{h_1 h_2}\frac{\partial h_1}{\partial x_2} + \frac{u_1 u_2}{h_1 h_2}\frac{\partial h_2}{\partial x_1} + \frac{u_2 u_3}{h_2 h_3}\frac{\partial h_2}{\partial x_3} - \frac{u_3^2}{h_2 h_3}\frac{\partial h_3}{\partial x_2}\Bigg)\boldsymbol{e}_2$$
$$+ \Bigg(\frac{u_1}{h_1}\frac{\partial u_3}{\partial x_1} + \frac{u_2}{h_2}\frac{\partial u_3}{\partial x_2} + \frac{u_3}{h_3}\frac{\partial u_3}{\partial x_3}$$
$$- \frac{u_1^2}{h_1 h_3}\frac{\partial h_1}{\partial x_3} - \frac{u_2^2}{h_2 h_3}\frac{\partial h_2}{\partial x_3} + \frac{u_1 u_3}{h_1 h_3}\frac{\partial h_3}{\partial x_1} + \frac{u_2 u_3}{h_2 h_3}\frac{\partial h_3}{\partial x_2}\Bigg)\boldsymbol{e}_3 \tag{A.6}$$

（3）粘性応力

$$\tau_{x_1 x_1} = (2/3)\mu(2e_{x_1 x_1} - e_{x_2 x_2} - e_{x_3 x_3})$$
$$\tau_{x_2 x_2} = (2/3)\mu(2e_{x_2 x_2} - e_{x_1 x_1} - e_{x_3 x_3})$$
$$\tau_{x_3 x_3} = (2/3)\mu(2e_{x_3 x_3} - e_{x_1 x_1} - e_{x_2 x_2})$$
$$\tau_{x_2 x_3} = \tau_{x_3 x_2} = \mu e_{x_2 x_3}$$
$$\tau_{x_1 x_3} = \tau_{x_3 x_1} = \mu e_{x_1 x_3}$$
$$\tau_{x_1 x_2} = \tau_{x_2 x_1} = \mu e_{x_1 x_2} \tag{A.7}$$

ただし，

$$e_{x_1 x_1} = \frac{1}{h_1}\frac{\partial u_1}{\partial x_1} + \frac{u_2}{h_1 h_2}\frac{\partial h_1}{\partial x_2} + \frac{u_3}{h_1 h_3}\frac{\partial h_1}{\partial x_3}$$

$$e_{x_2 x_2} = \frac{1}{h_2}\frac{\partial u_2}{\partial x_2} + \frac{u_3}{h_2 h_3}\frac{\partial h_2}{\partial x_3} + \frac{u_1}{h_1 h_2}\frac{\partial h_2}{\partial x_1}$$

$$e_{x_3 x_3} = \frac{1}{h_3}\frac{\partial u_3}{\partial x_3} + \frac{u_1}{h_1 h_3}\frac{\partial h_3}{\partial x_1} + \frac{u_2}{h_2 h_3}\frac{\partial h_3}{\partial x_2}$$

$$e_{x_2 x_3} = \frac{h_3}{h_2}\frac{\partial}{\partial x_2}\left(\frac{u_3}{h_3}\right) + \frac{h_2}{h_3}\frac{\partial}{\partial x_3}\left(\frac{u_2}{h_2}\right)$$

$$e_{x_1 x_3} = \frac{h_1}{h_3}\frac{\partial}{\partial x_3}\left(\frac{u_1}{h_1}\right) + \frac{h_3}{h_1}\frac{\partial}{\partial x_1}\left(\frac{u_3}{h_3}\right)$$

$$e_{x_1 x_2} = \frac{h_2}{h_1}\frac{\partial}{\partial x_1}\left(\frac{u_2}{h_2}\right) + \frac{h_1}{h_2}\frac{\partial}{\partial x_2}\left(\frac{u_1}{h_1}\right) \tag{A.8}$$

（4）粘性項　$\nabla \cdot \tau_{ij}$ の成分と散逸関数 Φ

$$x_1 : \frac{1}{h_1 h_2 h_3}\left[\frac{\partial}{\partial x_1}(h_2 h_3 \tau_{x_1 x_1}) + \frac{\partial}{\partial x_2}(h_1 h_3 \tau_{x_1 x_2}) + \frac{\partial}{\partial x_3}(h_1 h_2 \tau_{x_1 x_3})\right]$$
$$+ \tau_{x_1 x_2}\frac{1}{h_1 h_2}\frac{\partial h_1}{\partial x_2} + \tau_{x_1 x_3}\frac{1}{h_1 h_3}\frac{\partial h_1}{\partial x_3} - \tau_{x_2 x_2}\frac{1}{h_1 h_2}\frac{\partial h_2}{\partial x_1} - \tau_{x_3 x_3}\frac{1}{h_1 h_3}\frac{\partial h_3}{\partial x_1} \tag{A.9}$$

$$x_2 : \frac{1}{h_1 h_2 h_3}\left[\frac{\partial}{\partial x_1}(h_2 h_3 \tau_{x_1 x_2}) + \frac{\partial}{\partial x_2}(h_1 h_3 \tau_{x_2 x_2}) + \frac{\partial}{\partial x_3}(h_1 h_2 \tau_{x_2 x_3})\right]$$
$$+ \tau_{x_2 x_3}\frac{1}{h_2 h_3}\frac{\partial h_2}{\partial x_3} + \tau_{x_1 x_2}\frac{1}{h_1 h_2}\frac{\partial h_2}{\partial x_1} - \tau_{x_3 x_3}\frac{1}{h_2 h_3}\frac{\partial h_3}{\partial x_2} - \tau_{x_1 x_1}\frac{1}{h_1 h_2}\frac{\partial h_1}{\partial x_2} \tag{A.10}$$

$$x_3: \frac{1}{h_1 h_2 h_3} \left[\frac{\partial}{\partial x_1} (h_2 h_3 \tau_{x_1 x_3}) + \frac{\partial}{\partial x_2} (h_1 h_3 \tau_{x_2 x_3}) + \frac{\partial}{\partial x_3} (h_1 h_2 \tau_{x_3 x_3}) \right]$$

$$+ \tau_{x_1 x_3} \frac{1}{h_1 h_3} \frac{\partial h_3}{\partial x_1} + \tau_{x_2 x_3} \frac{1}{h_2 h_3} \frac{\partial h_3}{\partial x_2} - \tau_{x_1 x_1} \frac{1}{h_1 h_3} \frac{\partial h_1}{\partial x_3} - \tau_{x_2 x_2} \frac{1}{h_2 h_3} \frac{\partial h_2}{\partial x_3}$$

(A.11)

$$\Phi = \mu \left[2 \left(e_{x_1 x_1}^2 + e_{x_2 x_2}^2 + e_{x_3 x_3}^2 \right) + e_{x_2 x_3}^2 + e_{x_1 x_3}^2 + e_{x_1 x_2}^2 \right.$$

$$\left. - (2/3) \left(e_{x_1 x_1} + e_{x_2 x_2} + e_{x_3 x_3} \right)^2 \right]$$

(A.12)

Index

【著者紹介】

河村哲也（かわむら てつや）
お茶の水女子大学名誉教授
放送大学客員教授

コンパクトシリーズ流れ 流体力学の基礎

2021 年 3 月 30 日　初版第 1 刷発行

著　者　河　村　哲　也
発行者　田　中　壽　美

発 行 所　インデックス出版
〒 191-0032　東京都日野市三沢 1-34-15
Tel 042-595-9102　Fax 042-595-9103
URL：https://www.index-press.co.jp

Printed in Japan　ISBN978-4-910058-07-8 C3042

乱丁，落丁本はお取替えいたします.